常见多肉植物栽培与图鉴

——拟石莲属多肉植物

宋正达　陈梅香　任全进 编

朱　凯 审

化学工业出版社

·北京·

内容简介

《常见多肉植物栽培与图鉴——拟石莲属多肉植物》概述了 126 种（含品种）拟石莲属多肉植物的特性、种类、来源及用途，对其繁殖、栽培养护及育种知识进行了详细的论述。每个植物均配有详细清晰的彩图、拉丁文学名，文字描述专业性强，本书具有较高的知识性、实用性和科普鉴赏价值。

《常见多肉植物栽培与图鉴——拟石莲属多肉植物》适合于广大多肉植物爱好者、从事多肉植物生产和销售者使用，也可作为农林院校农学、园艺、园林、林学等相关专业师生的教学实习参考用书。

图书在版编目（CIP）数据

常见多肉植物栽培与图鉴：拟石莲属多肉植物 ／ 宋正达，陈梅香，任全进编. -- 北京 ：化学工业出版社，2025. 4. -- ISBN 978-7-122-47468-1

Ⅰ . S682.33-64

中国国家版本馆 CIP 数据核字第 202534P0W9 号

责任编辑：尤彩霞　　　　　　　　装帧设计：关　飞
责任校对：刘　一

出版发行：化学工业出版社
　　　　　（北京市东城区青年湖南街 13 号　邮政编码 100011）
印　　装：天津千鹤文化传播有限公司
880mm×1230mm　1/32　印张 4$\frac{1}{2}$　字数 148 千字
2025 年 7 月北京第 1 版第 1 次印刷

购书咨询：010-64518888　　　　　售后服务：010-64518899
网　　址：http://www.cip.com.cn
凡购买本书，如有缺损质量问题，本社销售中心负责调换。

定　　价：59.00 元

前　言

　　拟石莲属多肉植物原产于美洲海拔 500 ～ 3000m 的山林，最大的特征是钟形花朵，5 片花瓣不会像景天属植物的花那样完全张开，而是许多都会有在花的上部开口处被轻轻束了一下的样子。拟石莲属的原始种外貌多样，实生个体各有风姿，在不同的环境条件下，同一品种相貌差异很大，会让人感觉不是同一植物。该属种类众多，有近 200 种原始种及千余个杂交种。

　　拟石莲属多肉植物在我国的栽培历史较短，21 世纪初才开始大量引进。拟石莲属多肉植物外观小巧玲珑，颜色丰富，深受广大多肉植物爱好者喜欢；但品种众多，外形多变，人们不太容易识别。我国各地气候环境条件不一，广大多肉植物爱好者需要掌握其栽培养护技术。

　　《常见多肉植物栽培与图鉴——拟石莲属多肉植物》系统介绍了拟石莲属多肉植物的形态特征、栽培养护及育种技术。全书图文并茂，内容丰富，文字表达翔实简练，图片清晰。适合广大多肉植物爱好者阅读参考，也适合从事多肉植物生产和销售的工作者及农林院校相关专业师生学习参考。

　　由于编者水平有限，书中难免有不足之处，敬请广大读者批评指正。

编者

2024 年 10 月

于江苏省中国科学院植物研究所（南京中山植物园）

目 录

第一章　拟石莲属植物多肉总论

第二章　拟石莲属多肉植物各论

拟石莲属植物多肉
总论

一、拟石莲属多肉植物概述

1. 拟石莲属多肉植物的特性

多肉植物也称多浆植物、肉质植物，通常是指植物营养器官的某一部分，如根、茎或叶，肥厚多汁、贮藏着大量水分的一类植物。1997 年出版的《多肉植物史》（*A History of Succulent Plants*）一书，对多肉植物的定义加以补充修正：多肉植物至少具一种肉质器官。除其他功能外，它能贮藏可利用的水，在土壤含水情况恶化、植物根系不再能从土壤吸收和提供必要水分时，使植物能暂时脱离外部水分供应而独立生存。拟石莲属原生多肉植物由于生长在美洲海拔 500 ～ 3000m 的山林，许多品种不耐湿热，夏季很容易得黑腐病。拟石莲属多肉植物是夏季生长型的夏型种，该属原始种相貌多样，实生个体各有风姿，在不同的环境条件下，同一品种外表差异很大，很容易让人感觉不是同一东西，而无性繁殖的园艺品种特性较为稳定。拟石莲属多肉植物最大的特征之一是钟形花朵，5 片花瓣不会像景天属的花那样完全张开，许多都会有在钟形花的口部被轻轻束了一下的样子。

2. 拟石莲属多肉植物的种类和来源

拟石莲属多肉植物有近 200 种原始种及千余个杂交种，是景天科多肉植物最大家族，主要分布在墨西哥和秘鲁等美洲地区，最北可达美国得克萨斯州，我国多为引进品种。多肉植物在我国的栽培历史很短，最初从 20 世纪二三十年代开始，由华人和商人少量引进，到 20 世纪 80 年代开始大量引进。21 世纪以来，随着对外交流的增加，多肉植物的推广和普及达到空前的盛况，各种多肉植物协会诞生，多肉植物展览经常举行。

3. 拟石莲属多肉植物的用途

拟石莲属多肉植物，外观小巧玲珑，品种众多，颜色多变，适宜家庭盆栽或制作盆景欣赏。

多肉植物树桩盆景

多肉植物竹篮组合（1）

多肉植物竹篮组合（2）

多肉植物相框壁挂盆景

多肉植物沙石盆景

多肉植物船式盆景

二、拟石莲属多肉植物的繁殖、栽培及养护

　　拟石莲属多肉植物繁殖方式有无性繁殖和有性繁殖。无性繁殖有叶插繁殖和枝插繁殖两种方式，其中叶插是拟石莲属多肉植物繁殖的主要方式，它的特点是繁殖量大，能快速进行工厂化生产。家庭少量繁殖可用枝插繁殖，它的特点可快速成苗观赏。下面我们简要介绍一下叶插的栽培技术规程。

1. 栽培设施

　　具有加温、降温、遮阳、通风功能的设施温室。

2.栽培基质

（1）叶插基质配方

泥炭∶蛭石∶珍珠岩 =2∶2∶1（体积比），泥炭为育苗用泥炭，珍珠岩和蛭石颗粒大小为 2 ～ 4mm。

（2）小苗基质配方

泥炭∶蛭石∶珍珠岩 = 5∶1∶1（体积比），泥炭为栽培用泥炭，珍珠岩和蛭石颗粒大小为 2 ～ 4mm。

（3）成苗基质配方

泥炭∶蛭石∶珍珠岩 = 4∶1∶1（体积比），泥炭为栽培用泥炭，珍珠岩和蛭石颗粒大小为 3 ～ 6mm。

3.叶插繁殖

（1）叶插前的准备

选用长（长，可根据设施温室空间大小定）×100cm（宽）×30cm（高）扦插池，内填 20cm 叶插用基质。

（2）叶片的选取

九月初，选取 1 ～ 3 年生健康植株作为母本。停止浇水 4 ～ 5d 后，待其叶片呈微缺水状时，将外围约 1/3 叶片取下，保持叶片完整。

（3）叶插方法

从母本上取下的叶片放在阴凉处 3 ～ 5d，待生长点干燥后将生长点插入基质，插入角度 5°（与水平面）左右，深度 0.5 ～ 1cm。

（4）叶片幼芽萌发前后的管理

扦插 10d 后喷水，每周喷 1 次水，用 30% ～ 50% 遮阳网遮阳。幼芽萌发后，每周喷 2 次水，保持自然光照，若遇强光，可适当遮阳。

（5）上盆定植

幼苗叶展直径 2 ～ 3cm 时，用小苗基质进行定植。定植盆用 7cm（长）×7cm（宽）×6cm（高）塑料盆。

4.环境控制

（1）温度

春秋季，设施内温度以 10 ～ 30℃为宜。夏季，用水帘和通风设施降温，白天最高气温 36℃，夜间最低气温 25℃。冬季，采取保温材料覆盖、多层膜覆盖或加温设施，最低温度保持在 0℃。

（2）光照

春、秋、冬季，保持全光照。春、秋季遇强光可用 70% ～ 80% 遮阳网遮阳。夏季，用 70% ～ 80% 遮阳网遮阳，遇强光照，可用双层遮阳网。

（3）通风

春秋季，气流速度 0.3 ～ 0.6m/s。夏季，气流速度 0.6 ～ 0.8m/s。冬季，气温大于 15℃，气流速度 0.3 ～ 0.6m/s。

5. 水肥管理

（1）水分管理基本原则

生长季节多浇水促进生长，高温时避免或尽量减少"高温高湿"并存，低温时避免因水分过多引起的"冻害"。

① 春秋生长旺季

小苗宜采用"少量多次"的浇水方式，每次浇水使土壤表面湿润即可，1 ～ 2d 浇水 1 次，亦可定时喷雾。成株应浇透，5 ～ 6d 浇水 1 次，土壤干了即可浇水。

② 梅雨季节及高温休眠期

应在早晨十点之前或傍晚五点之后浇水。小苗 3 ～ 4d 浇水 1 次，成株一个月浇 1 ～ 2 次水。浇水量使土壤表面湿润即可，浇水时应浇在土壤表面避免直接浇淋在植株上。

③ 冬季

应在中午环境温度较高时浇水，浇水方法同②。当环境温度低于 5℃，停止浇水。

（2）肥料使用

① 基肥的使用

上盆时，把有机肥作为底肥拌入基质中，在基质表面放置缓释颗粒肥。

② 液体肥的追加

春秋生长季节，取可溶性无机肥料，稀释 500 ～ 1000 倍，7 ～ 10d 灌根或喷洒叶面一次，做到"薄肥勤施"。夏季和冬季停止液体肥的使用。

6. 成苗期品质管理

（1）基质

用 70% 以上的颗粒土进行栽培，增加其透水性。

（2）光照

增加光照强度和光照时间。光照强度 8000 ～ 10000lx。每日光照时间不低于 5h。

（3）温差

增加白天与夜间的温差，温差为 10 ～ 25℃。

（4）水肥

停止肥料施用。减少浇水量和浇水频率，浇至基质表面潮湿即可，浇水频率减至一个月 1 ～ 2 次。

7. 病虫害防治

（1）防治原则

病虫害防治原则以预防为主，防治结合。使用无病菌苗、无菌基质，对栽培环境进行保洁。利用物理隔离方式杜绝病原、虫源的进入。

（2）黑腐病的防治

入夏前至八月中旬，每 10d 喷洒一次广谱杀菌剂进行预防。已感染黑腐病的植株，立即切除被感染部位，并在切口涂上多菌灵。

（3）介壳虫和蚜虫的防治

开花时，及时去除花梗。已染介壳虫和蚜虫时，植株用 75% 的工业酒精喷洒杀灭。

三、拟石莲属多肉植物的育种

有"大众情人"之称的拟石莲属多肉植物杂交品种众多，为了获得适应性强、品质优良、观赏性好的精品，必须掌握拟石莲属多肉植物育种技术。下面介绍一下拟石莲多肉植物的杂交育种方法。

1. 母父本的选择

母本一般选择拟石莲属多肉植物的原始种，要求植株生长健壮，无病虫害，盆栽的种子苗三年以上。父本可以是似石莲多肉植物的原始种和杂交种，也可以是景天属、风车草属、青锁龙属、厚叶草属、伽蓝菜属多肉植物品种，要求有成熟的花粉，且植株生长健壮，无病虫害。

2. 花期的调控

拟石莲属多肉植物母本与同属或同科相邻属的父本多肉植物品种进行杂交时，有的花期相同，有的花期不同，对于花期不同的母父本，可采取调节各母本的生长环境，如控制温度、水分、光照来加以调节，有时可添加紫外线照射来调控母父本的花期，达到相同花期的目的。特殊情况下可采取成熟父本花粉，通过低温贮藏手段来进行授粉。

3. 授粉

拟石莲属多肉植物为异花授粉植物，当母本第一朵花开放时，用准备好的花粉，在上午 9:00 ～ 10:00 时，下午 3:00 ～ 4:00 时进行二次授粉，并且连续三天对第一朵花粉授粉，其他花杂交授粉方法相同，授粉后进行套袋。

4. 种子采收

拟石莲属多肉植物母本授粉一个月后，可分批采取成熟的果实，成熟的果实在太阳下晒一周后取出种子进行播种，注意采收的种子最好在两周之内进行播种，否则发芽率下降，不能及时播种时，须进行冷藏。

5. 播种基质

拟石莲属多肉植物的杂交种子的播种基质分下层基质和上层基质，下层基质的体积比例，进口泥炭：火山石：蛭石 = 5：1：0.5，上层基质的体积比例，细泥炭：细砂 = 10：1。下层基质厚 5.5cm，上层基质厚 0.5cm。

6. 播种育苗的温度

拟石莲属多肉植物的杂交种子播种后，晚上温度控制在 15 ～ 18℃，白天温度控制在 22 ～ 25℃，7 ～ 10d 可出苗。

7. 苗期管理

拟石莲属多肉植物的杂交种子出苗后二十天左右，去掉育苗盆的盖子，每天早上八点喷一次水，夏季（6 ～ 8 月份）用 80% 遮阳网遮阳，并打开微风扇，风量 2 ～ 3 级，当小苗直径 1 ～ 2cm 时用直径×高 7cm×7cm 花盆移栽，栽培基质配比为，进口泥炭：火山石：蛭石 = 5：2：0.5（体积比）。三月初出房炼苗。

8. 优良杂交新品种的筛选

（1）杂交新品种耐寒和耐热性及对气候环境的适应性

杂交新品种耐寒及耐热性，即对低温和高温的适应性是新品种在我国推广的重要条件，我国气候环境多样，筛选耐寒及耐热多肉植物的类型，意义重大。例如以雪莲或东云类作母本，选育出的新品种可能耐热性较好；雪莲、冬云类拟石莲属多肉植物与风车草属多肉植物杂交的新品种则耐寒性可能较强；以静夜及蓝宝石为母本杂交的新品种，可能耐热性较差。

（2）杂交新品种观赏性

新品种的观赏性是影响其推广的重要因素，不同的多肉植物爱好者，审美角度不同，喜好不同，对其要求不同。但可有以下几个衡量标准：①色彩，色彩多变是拟石莲多肉植物的特色，红、紫、蓝、绿，无论何种颜色，能长期保持者为佳。②透，在日照充足的条件下，能晒出透明或半透明者为好。

（3）杂交新品种病虫害的感染性

新品种抗病虫害能力是新品种推广的重要因素，病虫害感染严重，往往会失去其推广价值。

（4）杂交新品种的繁殖能力

杂交新品种的繁殖能力是制约其推广因素，繁殖系数过低，规模性生产受阻，推广应用过慢，易种质流失。

四、植物名称的定义

1.学名

植物学名是唯一的。学名中第一个单词首字母大写且斜体，代表属名；第二个单词如果是小写且斜体，代表为原始种；如果名字中出现单引号，首字母大写且不斜体的单词，则代表园艺品种。

2.成株体型

成株体型指单头成株的大小。小型：3～6cm，中小型：8～15cm，中型：15～20cm，大型：20cm 以上。

3.叶、叶尖

叶、叶尖是指对其形状的描述。

（1）常见的叶形：

卵形，指叶子最宽的地方位于底部 2/5 以内处；

椭圆形，指叶子最宽的地方位于中间 1/5 处；

倒卵形，指叶子最宽的地方位于顶部 2/5 以内处；

线形，指叶子的长宽比大于或等于 10:1，但最宽处在哪不定。

（2）常见叶尖形状：

急尖，指叶子最顶端到顶部 1/4 以内的叶缘没有明显的弯曲；

渐尖，指叶子最顶端到顶部 1/4 以内的向基部突出，向顶端内凹，即叶子在根部突然复尖；

外凸，指叶子最顶端到顶部 1/4 以内的叶缘向顶端外凸，极端情况包括叶缘形成圆弧的圆形叶尖，以及顶部叶缘垂直于中脉，好像被切过一刀般的截形叶尖。

4.花

花指花序和花朵的形状。

蝎尾状聚伞花序，指像花朵挂在蝎尾上，如东云、吉娃莲等；伞房状花序，指花序像一把撑开的小伞；总状花序，指花朵规则地一个个分布在花箭上，如红司、锦司晃等。

花朵形状：钟形花，指花像倒吊的小钟。

第二章

拟石莲属多肉植物
各论

1. 晚霞 Echeveria 'Afterglow'

形态特征：晚霞是广寒宫与沙维娜的杂交后代，叶片呈迷人的粉色。叶倒卵形薄叶，叶尖外凸或渐尖，顶部有尖。花期12～翌年1月份，蝎尾状聚伞花序，红色钟形花，是拟石莲属多肉植物的大型品种。

栽培养护：晚霞需要充足的日照，日照不足时叶片呈绿色并徒长。晚霞栽培基质的配比为：泥炭:蛭石:珍珠岩＝4:1:1（体积比），泥炭为栽培用泥炭，珍珠岩和蛭石颗粒大小为3～6mm。晚霞喜通风的环境。冬季可耐0℃低温，夏季温度可耐40℃，在温度0～5℃、30～40℃及梅雨季节停止浇水。常用枝插和叶插繁殖。

育种：晚霞有性繁殖不育，不可育种。

2. 东云 *Echeveria agavoides*

形态特征： 东云是东云类的原始种。叶卵形，叶正面略凹，叶背圆弧状凸起，叶前端三角形，渐尖。花期 3～4 月份，钟形花外粉内黄，蝎尾状聚伞花序，是拟石莲属多肉植物的中型种。

栽培养护： 原始东云喜欢强的日照。原始东云栽培基质的配比为：泥炭：火山石：珍珠岩 = 4:1:1（体积比），泥炭为栽培用泥炭，珍珠岩和火山石颗粒大小为 3～6mm。原始东云喜通风的环境。冬季可耐 0℃ 低温，夏季温度可耐 45℃，在温度 0～5℃、30～45℃ 及梅雨季节停止浇水。常用有性繁殖。

育种： 原始东云可与拟石莲属多肉植物的一些品种、景天科其他属的一些品种进行杂交，选育新品种，再用无性繁殖方式进行扩繁，保留其优良的性状。

3. 红伞 *Echeveria agavoides* 'Aioigasa'

形态特征：红伞是源于日本东云的园艺品种。叶倒卵形近椭圆形，叶尖微凸，渐尖或急尖，顶部有红尖。花期3～4月份，蝎尾状聚伞花序，黄色钟形花，是拟石莲属多肉植物的大型品种。

栽培养护：红伞对日照要求很高，日照充足才会红艳。红伞栽培基质的配比为：泥炭∶火山石∶珍珠岩＝4∶1∶1（体积比），泥炭为栽培用泥炭，珍珠岩和火山石颗粒大小为3～6mm。红伞喜通风的环境。冬季可耐0℃低温，夏季温度可耐45℃，在温度0～5℃、30～45℃及梅雨季节停止浇水。常用枝插繁殖，有性繁殖可育。

育种：红伞可与拟石莲属多肉植物的原始种进行杂交，选育新品种，再用无性繁殖方式进行扩繁，保留其优良的性状。

4. 圣诞东云 *Echeveria agavoides* 'Christmas'

形态特征：圣诞东云是冬云与原始花月夜的杂交品种，出状态时橙黄色。叶狭长卵形，叶尖外凸或渐尖，顶部有红尖。花期3～4月份，蝎尾状花序，黄色钟形花，是拟石莲属多肉植物的中型品种。

栽培养护：圣诞东云有强的日照需求，充足日照，大的温差，才能使叶片变得更红，叶片紧包呈松果状。圣诞东云栽培基质的配比为：泥炭：火山石：珍珠岩 = 4:1:1（体积比），泥炭为栽培用泥炭，珍珠岩和火山石颗粒大小为3～6mm。圣诞东云喜通风的环境。冬季可耐0℃低温，夏季温度可耐40℃，在温度0～5℃、30～40℃及梅雨季节停止浇水。常用叶插和枝插繁殖，有性繁殖可育。

育种：圣诞东云可与拟石莲属多肉植物的原始种进行杂交，选育一些新的品种，再用无性繁殖的方法进行扩繁，保留其优良性状。

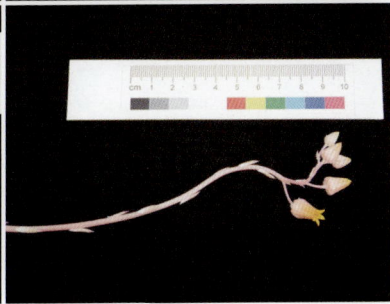

5. 乌木 *Echeveria agavoides* 'Ebony'

形态特征：乌木是东云的一个园艺变种，有深棕色乃至黑色的叶缘，堪称拟石莲属中的魁首。叶卵形，叶尖急尖或渐尖，顶部有红尖。花期3～4月份，蝎尾状聚伞花序，黄色钟形花，是拟石莲属多肉植物的大型品种。

栽培养护：乌木喜欢强烈的日照，即使夏季也不需要遮阳。乌木栽培基质的配比为：泥炭：火山石：珍珠岩 = 4:1:1（体积比），泥炭为栽培用泥炭，珍珠岩和火山石颗粒大小为3～6mm。乌木喜通风的环境。冬季可耐0℃低温，夏季温度可耐45℃，在温度0～5℃、30～45℃及梅雨季节停止浇水。常用有性繁殖。

育种：乌木可与拟石莲属多肉植物的一些品种及景天科其他属的一些多肉植物品种进行杂交，选育新品种，再用无性繁殖方式进行扩繁，保留其优良的性状。

6. 弗兰克 *Echeveria agavoides* 'Frank'

形态特征： 弗兰克是相府莲和卡罗拉的杂交后代。叶倒卵形或椭圆形，叶尖外凸或渐尖，顶部有红尖。花期3～5月份，花蝎尾状或复蝎尾状聚平花序，钟形花外粉内黄，是拟石莲属多肉植物的中型品种，较易群生。

栽培养护： 弗兰克在充足的日照和大的温差下转变为火红色。弗兰克栽培基质的配比为：泥炭：火山石：珍珠岩＝4:1:1（体积比），泥炭为栽培用泥炭，珍珠岩和火山石颗粒大小为3～6mm。弗兰克喜欢通风的环境，闷湿会得黑腐病，在梅雨季节更要加强通风。冬季可耐0℃低温，夏季可耐40℃高温，在温度0～5℃、30～40℃及梅雨季节停止浇水。常用叶插和枝插繁殖。

育种： 弗兰克有性繁殖不育，因此不可育种。

7. 金蜡冬云（金蜡） *Echeveria agavoides* 'Gdd War'

形态特征： 金蜡冬云是拟石莲属多肉植物的杂交种，有东云的血统。叶卵形，叶尖外凸，顶部有红尖。花期3～4月份，蝎尾状聚伞花序，钟形花外粉内黄，是拟石莲属多肉植物中小型品种。

栽培养护： 金蜡冬云喜欢强烈的日照。金蜡冬云栽培基质的配比为：泥炭:火山石:珍珠岩 = 4:1:1（体积比），泥炭为栽培用泥炭，珍珠岩和火山石颗粒大小为3～6mm。金蜡冬云喜通风的环境。冬季可耐0℃低温，夏季温度可耐45℃，在温度0～5℃、30～45℃及梅雨季节停止浇水。常用枝插繁殖，有性繁殖可育。

育种： 金蜡冬云可与拟石莲属多肉植物的原始种进行杂交，选育新品种，再用无性繁殖方式进行扩繁，保留其优良的性状。

8. 女士手指（女士手指冬云） *Echeveria agavoides* 'Ladys Finger'

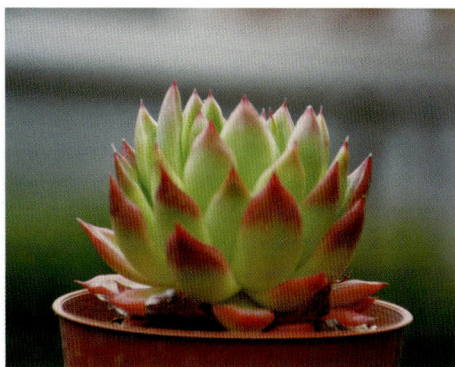

形态特征：女士手指是拟石莲属东云的杂交品种，纤细柔美的叶形加上醒目的红边十分惹人喜爱。叶细长倒卵形，叶尖外凸或渐尖，顶部有红尖。花期 3～5 月份，聚伞花序，钟形花外粉内黄，是拟石莲属多肉植物中型品种。

栽培养护：女士手指对日照要求很高，在日照充足的环境下，叶片颜色很快会红起来。女士手指栽培基质的配比为：泥炭：火山石：珍珠岩 = 4:1:1（体积比），泥炭为栽培用泥炭，珍珠岩和火山石颗粒大小为 3～6mm。女士手指喜欢通风的环境，闷热易化水腐烂。冬季可耐 0℃低温，夏季温度可耐 40℃，在温度 0～5℃、30～40℃及梅雨季节停止浇水。常用叶插和枝插繁殖。

育种：女士手指有性繁殖不育，不可育种。

9. 玉珠东云（玉点冬云） *Echeveria agavoides* 'Jade Point'

形态特征： 玉珠东云是东云的杂交品种。叶倒卵形近椭圆形，叶厚，叶尖微凸，顶部有红尖。花期3～4月份，松散的蝎尾状花序，钟形花外粉内黄，是拟石莲属多肉植物的小型品种。

栽培养护： 玉珠东云喜欢强烈的日照，夏天也不用遮阳。玉珠东云栽培基质的配比为：泥炭：火山石：珍珠岩＝4:1:1（体积比），泥炭为栽培用泥炭，珍珠岩和火山石颗粒大小为3～6mm。玉珠东云喜欢通风的环境。冬季可耐0℃低温，夏季温度可耐45℃，在温度0～5℃、30～45℃及梅雨季节停止浇水。常用叶插和枝插繁殖。

育种： 玉珠东云有性繁殖不育，不可育种。

10. 王国 *Echeveria agavoides* 'Kingdom'

形态特征：王国是拟石莲属多肉冬云系杂交品种。叶倒卵形，肥厚，叶正面略凹，叶背圆弧状凸起，叶前端三角形，急尖，叶绿色至黄绿色，叶尖易红，叶缘叶背也会泛红。花期3～4月份，钟形花外粉内黄，蝎尾状聚伞形花序，是拟石莲属多肉植物的中小型品种。

栽培养护：王国喜欢全日照环境。王国栽培基质的配比为：泥炭：火山石：珍珠岩＝4:1:1（体积比），泥炭为栽培用泥炭，珍珠岩和火山石颗粒大小为3～6mm。王国喜通风的环境，闷湿易生黑腐病。冬季可耐0℃低温，夏季温度可耐40℃，在温度0～5℃、30～40℃及梅雨季节停止浇水。常用枝插和叶插繁殖。

育种：王国有性繁殖不育，因此不可育种。

11. 口红东云（魅惑之宵） *Echeveria agavoides* 'Lipstick'

形态特征： 口红东云是东云的一个园艺变种，在全日照和大的温差下，叶缘变成红色。叶卵形，叶尖急尖或渐尖，顶部有红尖。花期3～4月份，蝎尾状花序，钟形花外粉内黄，是拟石莲属多肉植物的大型品种，易群生。

栽培养护： 口红东云喜欢强烈日照的环境。口红东云栽培基质的配比为：泥炭：火山石：珍珠岩＝4:1:1（体积比），泥炭为栽培用泥炭，珍珠岩和火山石颗粒大小为3～6mm。口红东云喜通风的环境。冬季可耐0℃低温，夏季温度可耐45℃，在温度0～5℃、30～45℃及梅雨季节停止浇水。常用枝插和叶插繁殖。

育种： 口红东云有性繁殖不育，不可育种。

12. 赤星 *Echeveria agavoides* 'Macabeana'

形态特征：赤星是东云的一个变种。叶卵形，叶尖有红晕，叶尖外凸或渐尖，顶稀有红尖。花期 3～4 月份，蝎尾状聚伞花序，黄色钟形花，是拟石莲属多肉植物中小型品种，易群生。

栽培养护：赤星喜欢强的日照。赤星栽培基质的配比为：泥炭∶火山石∶珍珠岩 = 4∶1∶1（体积比），泥炭为栽培用泥炭，珍珠岩和火山石颗粒大小为 3～6mm。赤星喜通风的环境。冬季可耐 0℃ 低温，夏季温度可耐 45℃，在温度 0～5℃、30～45℃ 及梅雨季节停止浇水。常用有性繁殖和枝插繁殖。

育种：赤星可与拟石莲属多肉植物的原始种进行杂交，选育新品种，再用无性繁殖方式进行扩繁，保留其优良的性状。

13. 天狼星 *Echeveria agavoides* 'Sirius'

形态特征： 天狼星是乌木与东云的杂交种。叶倒卵形，叶尖急尖或渐尖，顶部有红尖。花期3～4月份，蝎尾状花序，钟形花外粉内黄，是拟石莲属多肉植物中型品种。

栽培养护： 天狼星喜欢强的日照。天狼星栽培基质的配比为：泥炭：火山石：珍珠岩＝4:1:1（体积比），泥炭为栽培用泥炭，珍珠岩和火山石颗粒大小为3～6mm。天狼星喜通风的环境，闷湿易生黑腐病。冬季可耐0℃低温，夏季温度可耐40℃，在温度0～5℃、30～40℃及梅雨季节停止浇水。常用叶插繁殖和枝插繁殖。

育种： 天狼星有性繁殖不育，因此不可育种。

14. 相府莲 *Echeveria agavoides* var. prolifera

形态特征：相府莲是东
云杂交后代，蜡质叶面，尖
端1/5左右总是泛红的。叶
倒卵形，叶尖急尖或外凸，
顶部有红尖。花期3～4月
份，蝎尾状聚伞花序，钟形
花外粉内黄，是拟石莲属多
肉植物的中型品种。

栽培养护：相府莲能耐
强的日照，炎热的夏季也不
需要遮阳。相府莲栽培基
质的配比为：泥炭:火山石:珍珠岩 = 4:1:1（体积比），泥炭为栽培用泥
炭，珍珠岩和火山石颗粒大小为3～6mm。相府莲喜通风的环境，花箭
上易感染蚧壳虫和蚜虫，需及时防治。冬季可耐0℃低温，夏季温度可耐
45℃，在温度0～5℃、30～45℃及梅雨季节停止浇水。常用枝插和叶
插繁殖。

育种：相府莲有性繁殖不育，因此不可育种。

15. 罗密欧 *Echeveria agavoides* Var. Romeo

形态特征： 罗密欧是东云的一个红色变异品种。叶卵形或椭圆形，叶尖外凸，急尖或渐尖，顶部有红尖。花期 3 ～ 4 月份，蝎尾状聚伞花序，钟形花外粉内黄，是拟石莲属多肉植物中型品种，易群生。

栽培养护： 罗密欧对日照需求很高，需要日照充足的环境。罗密欧栽培基质的配比为：泥炭：火山石：珍珠岩 = 4:1:1（体积比），泥炭为栽培用泥炭，珍珠岩和火山石颗粒大小为 3 ～ 6mm。罗密欧喜欢通风的环境，闷热易化水腐烂。冬季可耐 0℃低温，夏季温度可耐 35℃，在温度 0 ～ 5℃、30 ～ 35℃及梅雨季节停止浇水。常用枝插和叶插繁殖。

育种： 晚霞之舞有性繁殖不育，不可育种。

16. 胜者骑兵 *Echeveria agavoides* 'Victor Reiter'

形态特征： 胜者骑兵是东云系列的杂交品种，老叶大多数是霸气紫红色。叶椭圆形或倒卵形，叶尖急尖或渐尖，顶邻有尖。花期 3～4 月份，蝎尾状聚伞花序，钟形花外粉内黄，是拟石莲属多肉植物大型品种。

栽培养护： 胜者骑兵喜欢充足的日照。胜者骑兵栽培基质的配比为：泥炭∶火山石∶珍珠岩 = 4∶1∶1（体积比），泥炭为栽培用泥炭，珍珠岩和火山石颗粒大小为 3～6mm。胜者骑兵喜通风的环境。冬季可耐 0℃ 低温，夏季温度可耐 45℃，在温度 0～5℃、30～45℃ 及梅雨季节停止浇水。常用叶插、枝插繁殖。

育种： 胜者骑兵有性繁殖不育，因此不可育种。

17. 白蜡（白蜡东云）*Echeveria agavoides* 'Wax'

形态特征： 白蜡是拟石莲属多肉植物的杂交品种，它的特点：春、秋和冬三季叶片颜色可晒得很红。叶卵形或椭圆形，叶尖外凸或急尖，顶部有短尖。花期3～4月份，蝎尾状聚伞花序，钟形花外粉内黄，是拟石莲属多肉植物的中型品种。

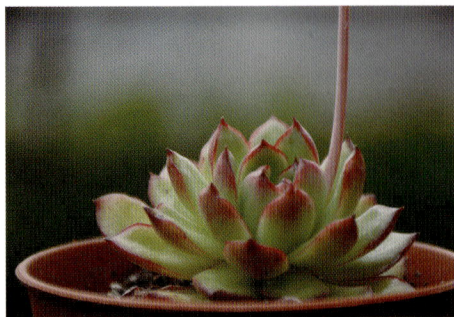

栽培养护： 白蜡对日照要求很高，充足的日照叶片颜色变得很红。白蜡栽培基质的配比为：泥炭∶蛭石∶珍珠岩 = 4∶1∶1（体积比），泥炭为栽培用泥炭，珍珠岩和蛭石颗粒大小为3～6mm。白蜡喜欢通风的环境，通风不好易化水腐烂。冬季可耐0℃低温，夏季温度可耐40℃，在温度0～5℃、30～40℃及梅雨季节停止浇水。常用叶插和枝插繁殖，有性繁殖可育。

育种： 白蜡与拟石莲属多肉植物的原始种进行杂交，选育新品种，再用无性繁殖方式进行扩繁，保留其优良的性状。

18. 花乃井 *Echeveria amoena*

形态特征： 花乃井是拟石莲属多肉的原始种，可以晒得粉红。叶倒卵形厚叶，叶尖外凸。花期3～4月份，伞房花序，钟形花外粉内黄，是拟石莲属多肉植物的小型种，易群生。

栽培养护： 花乃井在充足日照下易出状态。花乃井栽培基质的配比为：泥炭：火山石：珍珠岩＝4:1:1（体积比），泥炭为栽培用泥炭，火山石和火山石颗粒大小为3～6mm。花乃井喜欢通风环境，易感染介壳虫，可用75%酒精擦洗或喷洒2～3次。冬季可耐0℃低温，夏季温度可耐40℃，在温度0～5℃、30～40℃及梅雨季节停止浇水。常用叶插和枝插繁殖，有性繁殖可育。

育种： 花乃井可与拟石莲属多肉植物的一些品种、景天科其他属的一些品种进行杂交，选育新品种，再用无性繁殖方式进行扩繁，保留其优良的性状。

19. 奶油黄桃 *Echeveria* 'Atlantis'

形态特征： 奶油黄桃是 O'Conneli 培育的拟石莲属多肉植物的杂交品种。叶倒卵形，叶尖外凸或微凹，顶部有红尖。花期 3～4 月份，蝎尾状聚伞花序，钟形花外橙粉内黄，是拟石莲属多肉植物中小型品种，易群生。

栽培养护： 奶油黄桃对日照需求很高，充足的日照才能使叶片包紧并晒红。奶油黄桃栽培基质的配比为：泥炭:火山石:珍珠岩 = 4:1:1（体积比），泥炭为栽培用泥炭，珍珠岩和火山石颗粒大小为 3～6mm。奶油黄桃喜欢通风的环境，闷湿易化水腐烂。冬季可耐 0℃低温，夏季温度可耐 45℃，在温度 0～5℃、30～45℃及梅雨季节停止浇水。常用叶插和枝插繁殖。

育种： 奶油黄桃有性繁殖不育，不可育种。

20. 狂野男爵 Echeveria 'Baron Bold'

形态特征： 狂野男爵是 Dick Wright 培育的拟石莲属多肉的杂交品种，叶子上有大片的疣子，疣子边缘为锯齿状。叶倒卵形，叶尖外凸。花期 5～6 月份，聚伞花序，粉红色钟形花，是拟石莲属多肉植物的大型品种。

栽培养护： 狂野男爵对日照要求很高，在充足的日照环境下叶片更加紧凑，可以整株晒红。狂野男爵栽培基质的配比为：泥炭：火山石：珍珠岩 = 4:1:1（体积比），泥炭为栽培用泥炭，珍珠岩和火山石颗粒大小为 3～6mm。狂野男爵喜欢通风的环境。冬季可耐 2℃ 低温，夏季温度可耐 45℃，在温度 2～5℃、30～45℃ 及梅雨季节停止浇水。常用叶插和枝插繁殖。

育种： 狂野男爵有性繁殖不育，不可育种。

21. 苯巴蒂斯 *Echeveria* 'Ben Badis'

形态特征： 苯巴蒂斯是大和锦和静夜的杂交后代。叶倒卵形，叶尖外凸，顶部有红尖，背面有红色脊线。花期 3 ~ 4 月份，蝎尾状聚伞花序，钟形花外粉内黄，是拟石莲属多肉植物中小型品种，易群生。

栽培养护： 苯巴蒂斯喜欢阳光充足的环境。苯巴蒂斯栽培基质的配比为：泥炭:蛭石:珍珠岩 =4:1:1（体积比），泥炭为栽培用泥炭，珍珠岩和蛭石颗粒大小为 3 ~ 6mm。苯巴蒂斯喜欢通风环境。冬季可耐 0℃低温，夏季温度可耐 40℃，在温度 0 ~ 5℃、30 ~ 40℃及梅雨季节停止浇水。常用叶插和枝插繁殖。

育种： 苯巴蒂斯有性繁殖不育，因此不可育种。

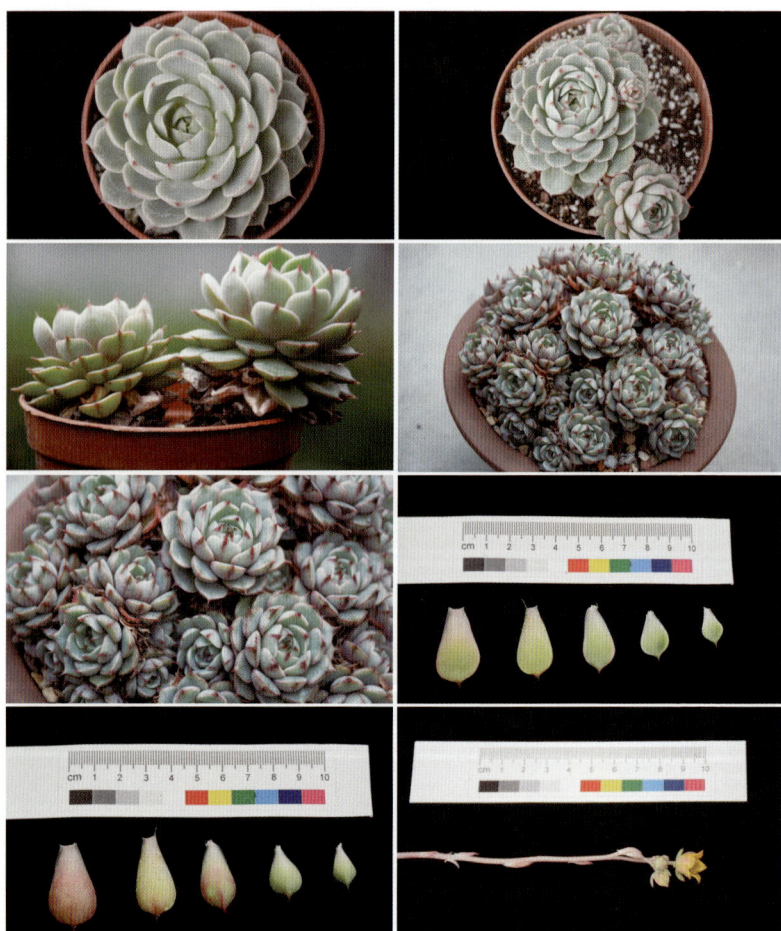

22. 红鹤 *Echeveria* 'Benioturu'

形态特征：红鹤是拟石莲属多肉植物的杂交品种，充足的日照能晒出半透明状。叶倒卵形，叶尖外凸，顶部有尖，是拟石莲属多肉植物中小型品种。

栽培养护：红鹤对日照需求很高，需要充足的日照环境。红鹤栽培基质的配比为：泥炭：蛭石：珍珠岩＝4∶1∶1（体积比），泥炭为栽培用泥炭，珍珠岩和蛭石颗粒大小为3～6mm。红鹤喜欢通风的环境。冬季可耐0℃低温，夏季温度可耐45℃，在温度0～5℃、30～45℃及梅雨季节停止浇水。常用叶插和枝插繁殖。

育种：红鹤有性繁殖不育，不可育种。

23.蓝苹果 Echeveria 'Blue Apple'

形态特征： 蓝苹果是韩国培育的拟石莲属多肉植物的杂交种，叶形圆润可爱，叶尖可晒红。叶倒卵形，叶尖外凸，顶部有红尖。花期 6 ～ 7 月份，蝎尾状聚伞花序，黄色钟形花，是拟石莲属多肉植物小型品种，易群生。

栽培养护： 蓝苹果对日照需求很高，充足的日照才能晒出小精灵的色彩。蓝苹果栽培基质的配比为：泥炭:蛭石:珍珠岩 = 4:1:1（体积比），泥炭为栽培用泥炭，珍珠岩和蛭石颗粒大小为 3 ～ 6mm。蓝苹果喜欢通风环境。冬季可耐 0℃低温，夏季温度可耐 45℃，在温度 0 ～ 5℃、30 ～ 45℃及梅雨季节停止浇水。常用叶插和枝插繁殖。

育种： 蓝苹果有性繁殖不育，因此不可育种。

24. 墨西哥蓝鸟（粉蓝鸟） *Echeveria* 'Blue Bird'

形态特征：墨西哥蓝鸟是皮氏的杂交后代，有一层厚的白霜，叶尖可以晒红。叶倒卵形，叶尖渐尖，顶部有红尖。花期3～4月份，蝎尾状花序，钟形花外粉内黄，是拟石莲属多肉植物中型品种。

栽培养护：墨西哥蓝鸟喜欢强烈日照环境。墨西哥蓝鸟栽培基质的配比为：泥炭：火山石：珍珠岩＝4:1:1（体积比），泥炭为栽培用泥炭，珍珠岩和火山石颗粒大小为3～6mm。墨西哥蓝鸟喜欢通风环境。冬季可耐0℃低温，夏季温度不可超过40℃，在温度0～5℃、30～40℃及梅雨季节停止浇水。常用叶插和枝插繁殖。

育种：墨西哥蓝鸟有性繁殖不育，因此不可育种。

25. 秋宴（宝丽安娜） *Echeveria* 'Bradburyana'

形态特征： 秋宴是月影的杂交品种。叶狭长，倒卵形或椭圆形，叶尖外凸，顶部有尖。花期 3 ～ 4 月份，蝎尾状聚伞花序，钟形花外粉内黄，是拟石莲属多肉植物中小型品种，易群生。

栽培养护： 秋宴对日照要求很高，在日照充足的情况下叶片晒得更鲜艳。秋宴栽培基质的配比为：泥炭：蛭石：珍珠岩 = 4:1:1（体积比），泥炭为栽培用泥炭，珍珠岩和蛭石颗粒大小为 3 ～ 6mm。秋宴喜欢通风的环境。冬季可耐 0℃ 低温，夏季温度可耐 40℃，在温度 0 ～ 5℃、30 ～ 40℃ 及梅雨季节停止浇水。常用叶插和枝插繁殖。

育种： 秋宴有性繁殖不育，不可育种。

26. 织锦 *Echeveria* 'Califqrnia Queen'

形态特征：织锦是韩国培育的原始花月夜与静夜的杂交后代。叶倒卵形，叶尖外凸或渐尖，顶部有尖。花期3～4月份，蝎尾状花序，黄色钟形花，是拟石莲属多肉植物中小型品种。

栽培养护：织锦喜欢日照充足环境，在日照充足条件下，叶形和颜色都很漂亮。织锦栽培基质的配比为：泥炭：火山石：珍珠岩＝4:1:1（体积比），泥炭为栽培用泥炭，珍珠岩和火山石颗粒大小为3～6mm。织锦喜欢通风的环境。冬季可耐0℃低温，夏季温度可耐40℃，在温度0～5℃、30～40℃及梅雨季节停止浇水。常用叶插和枝插繁殖。

育种：织锦有性繁殖不育，不可育种。

27. 广寒宫 *Echeveria cante*

形态特征： 广寒宫是拟石莲属多肉植物经典的原始种。叶倒卵形薄叶，叶尖渐尖，急尖或外凸，叶被厚白霜。花期 3～4 月份，聚伞圆锥花序，橙粉色的钟形花，是拟石莲属多肉植物的大型品种。

栽培养护： 广寒宫喜欢日照充足的环境。广寒宫栽培基质的配比为：泥炭：火山石：珍珠岩 = 4：1：1（体积比），泥炭为栽培用泥炭，珍珠岩和火山石颗粒大小为 3～6mm。广寒宫喜通风的环境。冬季可耐 0℃ 低温，夏季温度可耐 45℃，在温度 0～5℃、30～45℃ 及梅雨季节停止浇水。常用枝插和播种繁殖。

育种： 广寒宫可与拟石莲属多肉植物的一些品种及景天科其他属的一些多肉植物品种进行杂交，选育新品种，再用无性繁殖方式进行扩繁，保留其优良的性状。

28. 红粉台阁（红粉台阁石莲花） *Echeveria* 'Cassyz'

形态特征： 红粉台阁是拟石莲属多肉植物的杂交品种。叶倒卵形，叶尖外凸近截形，顶部有短尖。花期 3 ～ 4 月份，蝎尾状聚伞花序，钟形花外粉内黄，是拟石莲属多肉植物的大型品种，易群生。

栽培养护： 红粉台阁对日照需求很高，只有在充足的日照下叶片只能变为粉红色。红粉台阁栽培基质的配比为：泥炭：蛭石：珍珠岩 = 4 : 1 : 1（体积比），泥炭为栽培用泥炭，珍珠岩和蛭石颗粒大小为 3 ～ 6mm。红粉台阁喜欢通风的环境。冬季可耐 0℃低温，夏季温度可耐 45℃，在温度 0 ～ 5℃、30 ～ 45℃及梅雨季节停止浇水。常用枝插和叶插繁殖。

育种： 红粉台阁有性繁殖不育，不可育种。

29. 吉娃莲 *Echeveria chihuahuaensis*

形态特征： 吉娃莲是拟石莲属植物具有代表性的原始种，红红的叶尖十分可爱。叶倒卵形，叶尖外凸或渐尖，顶部有红尖，蝎尾状聚伞花序，钟形花外粉内黄，花期3～5月份，是拟石莲属多肉植物的中小型品种。

栽培养护： 吉娃莲对日照要求一般，充足的日照和大的温差，状态更优美。吉娃莲栽培基质的配比为：泥炭∶蛭石∶珍珠岩＝4∶1∶1（体积比），泥炭为栽培用泥炭，珍珠岩和蛭石颗粒大小为3～6mm。吉娃莲抗病虫害很强，通风不良时有壳虫，可用75%酒精涂抹或喷洒2～3次即可。冬季可耐−2℃低温，夏季可耐45℃的高温，在温度−2～5℃、30～45℃停止浇水。常用叶插繁殖，3～4月份叶插，秋季移栽，第二年成苗，第三年可开花。

育种： 吉娃莲繁殖有无性繁殖和有性繁殖。叶插繁殖为无性繁殖的主要方式。有性繁殖需要在不同个体之间进行，同一批无性繁殖成苗开花后进行授粉不结实。吉娃莲可以与拟石莲属植物的一些品种进行杂交，也可以同景天科其他属植物的一些品种进行杂交，获得一些新的杂交种。

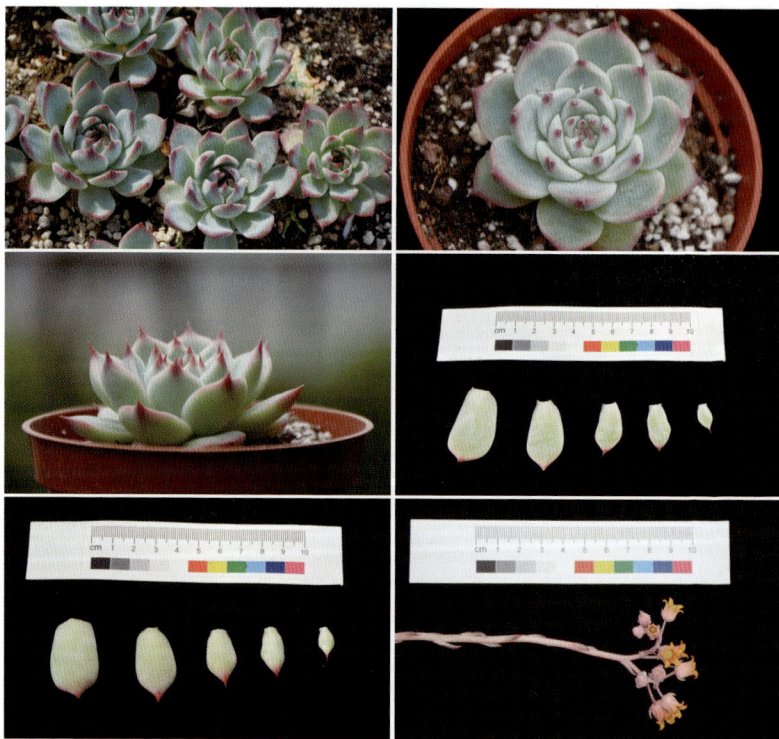

30.绿体花月夜 *Echeveria* 'Christmas'

形态特征： 绿体花月夜是原始花月夜的杂交品种，叶形和颜色都很美。叶狭长，倒卵形，叶尖外凸，顶部有短尖。花期3～5月份，蝎尾状花序，黄色钟形花，是拟石莲属多肉植物的中小型品种。

栽培养护： 绿体花月夜在日照充足的情况下叶片鲜艳的色彩可以保持很久。绿体花月夜栽培基质的配比为：泥炭:火山石:珍珠岩＝4:1:1（体积比），泥炭为栽培用泥炭，珍珠岩和火山石颗粒大小为3～6mm。绿体花月夜喜欢通风的环境，闷湿的易化水腐烂。冬季可耐0℃低温，夏季温度可耐40℃，在温度0～5℃、30～40℃及梅雨季节停止浇水。常用叶插和枝插繁殖。

育种： 绿体花月夜有性繁殖不育，不可育种。

31. 冰河世纪 *Echeveria* 'Cimette'

形态特征：冰河世纪是韩国的拟石莲属多肉植物优选园艺种。叶倒卵形，叶尖外凸，顶部有红尖。花期3～4月份，蝎尾状花序，黄色钟形花，是拟石莲属多肉植物中小型品种。

栽培养护：冰河世纪叶片肥厚，日常为绿色，日照充足后慢慢转变为金黄色，冬季温差大时会很红。冰河世纪栽培基质的配比为：泥炭:火山石:珍珠岩 = 4:1:1（体积比），泥炭为栽培用泥炭，珍珠岩和火山石颗粒大小为3～6mm。冰河世纪喜欢通风环境。冬季可耐 −2℃低温，夏季可耐40℃高温，在温度 −2～5℃、30～40℃及梅雨季节停止浇水。常用叶插和枝插繁殖。

育种：冰河世纪有性繁殖不育，因此不可育种。

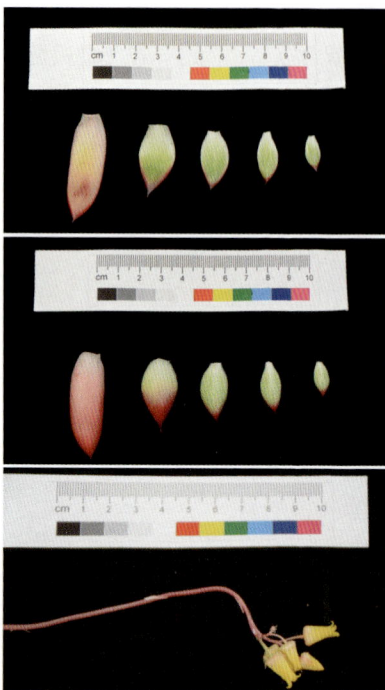

32. 黄石莲 *Echeveria* 'Citrina'

形态特征： 黄石莲是东云系杂交品种。叶剑形到长三角，肥厚，叶正面略凹，叶背三角状凸起，叶尖渐尖，叶色浅绿到金黄色，是拟石莲属多肉植物中小型品种。

栽培养护： 黄石莲喜欢强烈日照环境。黄石莲栽培基质的配比为：泥炭:火山石:珍珠岩 = 4:1:1（体积比），泥炭为栽培用泥炭，珍珠岩和火山石颗粒大小为 3～6mm。黄石莲喜欢通风的环境。冬季可耐 0℃ 低温，夏季温度可耐 45℃，在温度 0～5℃、30～45℃ 及梅雨季节停止浇水。常用叶插和枝插繁殖。

育种： 黄石莲有性繁殖不育，不可育种。

33. 卡罗拉（林赛） *Echeveria colorata*

形态特征：卡罗拉是拟石莲属多肉植物的原始种。叶倒卵形，叶尖外凸或急尖，顶部有红尖。花期3～4月份，蝎尾状聚伞花序，钟形花外粉内黄，是拟石莲属多肉植物的中型种。

栽培养护：卡罗拉对日照要求很高，充足的日照叶边才能晒红。卡罗拉栽培基质的配比为：泥炭：火山石：珍珠岩＝4∶1∶1（体积比），泥炭为栽培用泥炭，珍珠岩和火山石颗粒大小为3～6mm。卡罗拉喜通风的环境。冬季可耐0℃低温，夏季温度可耐45℃，在温度0～5℃、30～45℃及梅雨季节停止浇水。常用叶插和枝插繁殖，有性繁殖可育。

育种：卡罗拉可与拟石莲属多肉植物的一些品种及景天科其他属的一些多肉植物品种进行杂交，选育新品种，再用无性繁殖方式进行扩繁，保留其优良的性状。

34. 勃兰特（布兰迪）*Echeveria colorata* f. *brandtii*

形态特征： 勃兰特是卡罗拉的变种。叶细长，倒卵形或线形，叶尖微凸，急尖或渐尖，顶部有红尖。花期 3 ～ 4 月份，蝎尾状聚伞花序，钟形花外粉内黄，是拟石莲属多肉中大型品种。

栽培养护： 勃兰特对日照要求很高，充足日照叶片能晒成粉色。勃兰特栽培基质的配比为：泥炭∶火山石∶珍珠岩 = 4∶1∶1（体积比），泥炭为栽培用泥炭，珍珠岩和火山石颗粒大小为 3 ～ 6mm。勃兰特喜欢通风的环境，抗病虫能力较强。冬季可耐 0℃低温，夏季温度可耐 40℃，在温度 0 ～ 5℃、30 ～ 40℃及梅雨季节停止浇水。常用叶插和枝插繁殖。

育种： 勃兰特有性繁殖不育，因此不可育种。

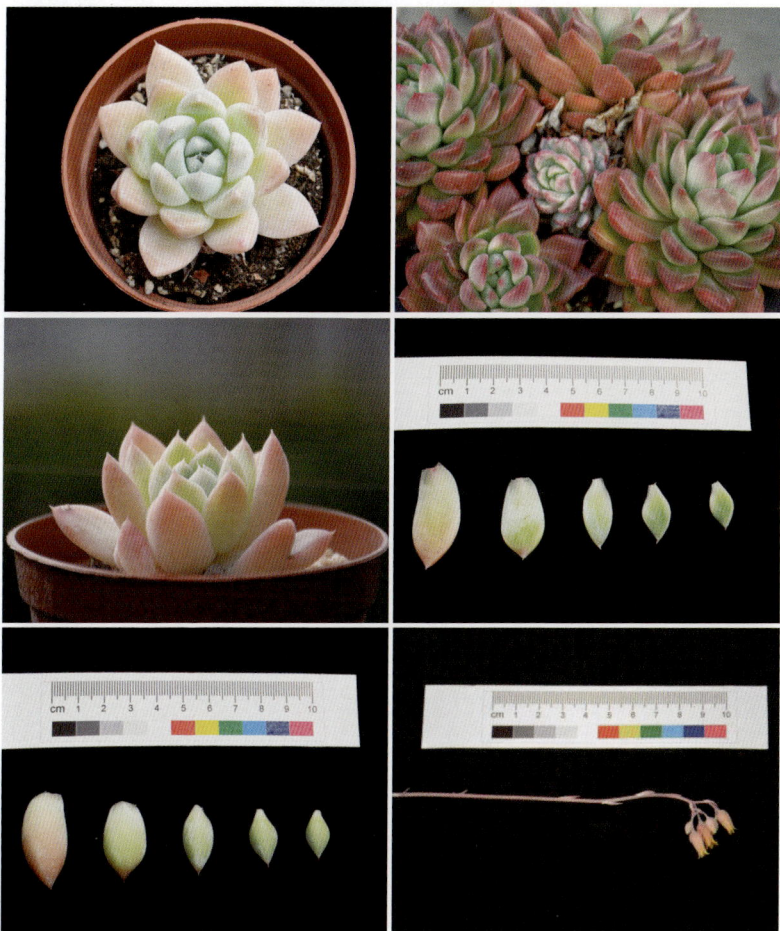

35. 乙女梦 *Echeveria* 'Culibra'

形态特征：乙女梦是拟石莲属多肉植物的杂交品种，叶片上有长的瘤子，非常有特色。叶片较为宽大而薄，叶面有凸起大量的大疣凸，叶色浅蓝到浅紫红，叶面有少量白粉。花期 6～7 月份，蝎尾状聚伞花序，钟形花外橙内黄，是拟石莲属多肉植物大型品种。

栽培养护：乙女梦对日照要求很高，日照不足时叶片会变绿徒长，叶形也松散，充足日照会整株变红。乙女梦栽培基质的配比为：泥炭∶火山石∶珍珠岩 = 4∶1∶1（体积比），泥炭为栽培用泥炭，珍珠岩和火山石颗粒大小为 3～6mm。乙女梦喜欢通风的环境。冬季可耐 0℃低温，夏季温度可耐 40℃，在温度 0～5℃、30～40℃及梅雨季节停止浇水。常用叶插和枝插繁殖。

育种：乙女梦有性繁殖不育，因此不可育种。

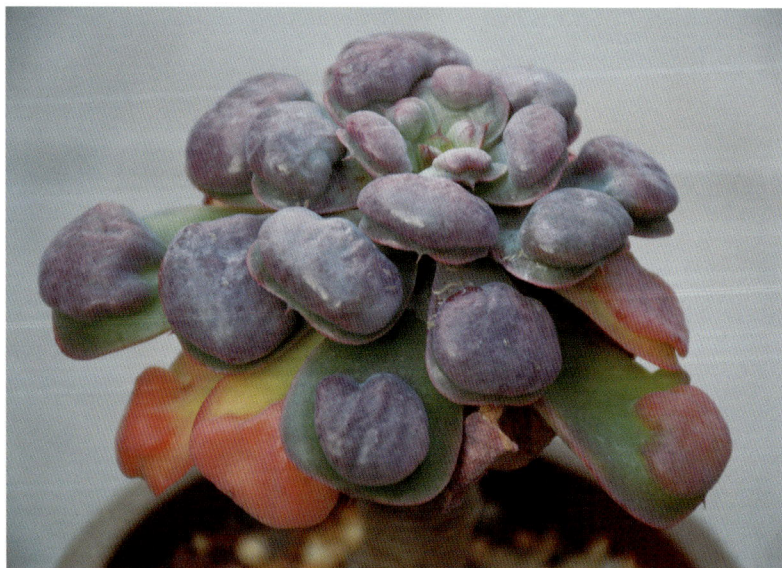

36. 红爪 *Echeveria cuspidata* var. *gemnula*

形态特征： 红爪是墨西哥女孩（品种名）的一个变种，叶尖看起来像小爪子一样。叶倒卵形，叶尖外凸或渐尖，顶部有红尖。蝎尾状花序，钟形花外粉内黄，是拟石莲属多肉植物的小型品种。

栽培养护： 红爪喜欢较为柔和的日照。红爪栽培基质的配比为：泥炭:蛭石:珍珠岩＝4:1:1（体积比），泥炭为栽培用泥炭，珍珠岩和蛭石颗粒大小为 3 ～ 6mm。红爪喜欢通风环境，闷湿易腐烂。冬季可耐 0℃ 低温，夏季温度不可超过 35℃，在温度 0 ～ 5℃、30 ～ 35℃ 及梅雨季节停止浇水。常用叶插和枝插繁殖。

育种： 红爪有性繁殖不育，因此不可育种。

37. 原始绿爪 *Echeveria cuspidata* var. *zaragozae*

形态特征： 原始绿爪是拟石莲属多肉植物的杂交品种。叶倒卵形，叶尖微凸或急尖，顶部有红尖。花期 3～5 月份，花蝎尾状聚伞花序，钟形花外粉内黄，易群生，是拟石莲属多肉植物的中小型品种。

栽培养护： 原始绿爪对日照要求较高，充足的日照，较大的温差，能使叶形更紧凑，颜色更红。原始绿爪栽培基质的配比为：泥炭：火山石：珍珠岩＝4:1:1（体积比），泥炭为栽培用泥炭，珍珠岩和火山石颗粒大小为 3～6mm。原始绿爪喜欢通风的环境，偶尔有介壳虫附生，可用 75% 酒精擦洗或喷洒 2～3 次。可耐 0℃ 低温，40℃ 高温，在温度 0～5℃、30～40℃ 及梅雨季节停止浇水。常用叶插和枝插繁殖。

育种： 原始绿爪有性繁殖不育，因此不可育种。

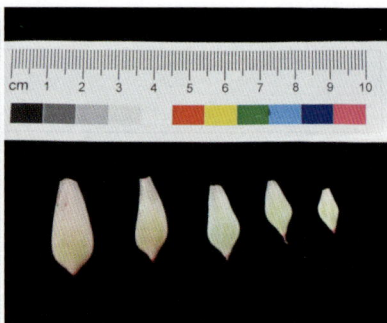

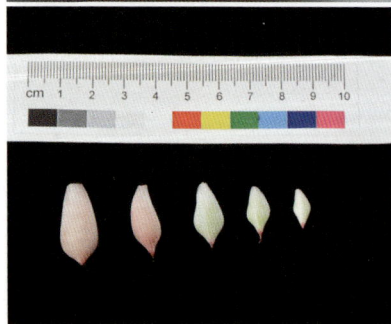

38. 静夜 *Echeveria derenbergii*

形态特征： 静夜是拟石莲属多肉植物的原始种，姿态娴静，莲座紧凑，叶色浅绿。叶倒卵形，叶尖外凸或渐尖，顶邻有红尖。花期 3 ～ 4 月份，蝎尾状聚伞花序，钟形花外橙粉内黄，是拟石莲属多肉植物小型种，易群生。

栽培养护： 静夜喜欢日照充足的环境。静夜栽培基质的配比为：泥炭∶蛭石∶珍珠岩＝4∶1∶1（体积比），泥炭为栽培用泥炭，珍珠岩和蛭石颗粒大小为 3 ～ 6mm。静夜喜通风的环境，枝干易得黑腐病，要及时处理病株。冬季可耐 0℃ 低温，夏季温度可耐 35℃，在温度 0 ～ 5℃、30 ～ 35℃ 及梅雨季节停止浇水。常用叶插、枝插和播种繁殖。

育种： 静夜可与拟石莲属多肉植物的一些品种及景天科其他属的一些多肉植物品种进行杂交，选育新品种，再用无性繁殖方式进行扩繁，保留其优良的性状。

39. 雪域（雪惑）*Echeveria* 'Deresina'

形态特征：雪域是拟石莲属多肉植物静夜和星影的杂交后代，叶面有一层薄的白霜，有着淡色的叶子和可爱的尖尖。叶倒卵形，叶尖外凸或渐尖，顶部有尖。花期3～5月份，蝎尾状聚伞花序，钟形花外粉内橙黄，是拟石莲属多肉植物中小型品种。

栽培养护：雪域对日照要求很高，充足日照叶片变色不太明显，但叶型会更加紧凑。雪域栽培基质的配比为：泥炭：火山石：珍珠岩＝4:1:1（体积比），泥炭为栽培用泥炭，珍珠岩和火山石颗粒大小为3～6mm。雪域喜欢通风的环境，闷热易化水腐烂。冬季可耐0℃低温，夏季温度可耐40℃，在温度0～5℃、30～40℃及梅雨季节停止浇水。常用叶插和枝插繁殖。

育种：雪域有性繁殖不育，不可育种。

40. 大和锦杂（酒神）*Echeveria* 'Dionysos'

形态特征： 国内所售的大和锦基本上是原始种大和锦的杂交后代酒神，真正的原始种（*Echeveria purpusorun*）罕见，叶卵形或椭圆形厚叶，叶尖急尖或渐尖，花期3～5月份，花松散的聚伞花序，钟形花外橙粉内黄，是拟石莲属多肉植物的中小型品种。

栽培养护： 酒神在日照长的环境中生长良好，半日照环境也能适应。酒神栽培基质的配比为：泥炭：火山石：珍珠岩 = 4:1:1（体积比），泥炭为栽培用泥炭，珍珠岩和火山石颗粒大小为3～6mm。酒神喜欢通风的环境，病虫害比较少。冬季可耐0℃低温，夏季温度可耐40℃，在温度0～5℃、30～40℃及梅雨季节停止浇水。常用叶插和枝插繁殖。

育种： 酒神有性繁殖不育，因此不可育种。

41. 梦幻湖 *Echeveria* 'Dream Lake'

形态特征： 梦幻湖是拟石莲属多肉植物的杂交品种。叶片倒卵形，较薄，叶正面略凹，叶前端钝形具短尖，叶尖不明显，叶披粉，绿色，出状态叶尖叶缘微泛浅红。伞形花序，钟形花外粉内黄，是拟石莲属多肉植物大型品种。

栽培养护： 梦幻湖对日照要求很高，喜欢充足的日照环境。梦幻湖栽培基质的配比为：泥炭：火山石：珍珠岩 = 4:1:1（体积比），泥炭为栽培用泥炭，珍珠岩和火山石颗粒大小为 3 ～ 6mm。梦幻湖喜欢通风的环境，闷热易化水腐烂。冬季可耐 0℃低温，夏季温度可耐 35℃，在温度 0 ～ 5℃、30 ～ 35℃及梅雨季节停止浇水。常用叶插和枝插繁殖。

育种： 梦幻湖有性繁殖不育，不可育种。

42. 月影（厚叶石莲花）*Echeveria elegans*

形态特征： 月影是拟石莲属多肉植物的原始种。叶倒卵形，叶尖外凸或渐尖，顶部有红尖。花期3～4月份，蝎尾状花序，钟形花内橙黄外粉，是拟石莲属多肉植物的小型品种，易群生。

栽培养护： 月影日照需求较多，作为地栽景观也可全日照栽培。月影栽培基质的配比为：泥炭:火山石:珍珠岩 = 4:1:1（体积比），泥炭为栽培用泥炭，珍珠岩和火山石颗粒大小为3～6mm。月影喜通风的环境，闷热易化水。冬季可耐0℃低温，夏季温度可耐45℃，在温度0～5℃、30～45℃及梅雨季节停止浇水。常用叶插和枝插繁殖，有性繁殖可育。

育种： 月影可与拟石莲属多肉植物的一些品种及景天科其他属的一些多肉植物品种进行杂交，选育新品种，再用无性繁殖方式进行扩繁，保留其优良的性状。

43. 白月影 *Echeveria elegans* 'Alba'

形态特征： 白月影是厚叶月影的白皮园艺变种。叶较厚，倒卵形，叶尖外凸或渐尖，顶部有短尖。花期 3 ～ 4 月份，松散的蝎尾状花序，钟形花外粉内橙黄，是拟石莲属多肉植物的小型品种，易群生。

栽培养护： 白月影喜欢强烈日照。白月影栽培基质的配比为：泥炭：火山石：珍珠岩 = 4:1:1（体积比），泥炭为栽培用泥炭，珍珠岩和火山石颗粒大小为 3 ～ 6mm。白月影喜通风的环境。冬季可耐 0℃低温，夏季温度可耐 45℃，在温度 0 ～ 5℃、30 ～ 45℃及梅雨季节停止浇水。常用叶插和枝插繁殖，有性繁殖可育。

育种： 白月影可与拟石莲属多肉植物的原始种进行杂交，选育新品种，再用无性繁殖方式进行扩繁，保留其优良的性状。

44. 厚叶月影（月影厚叶石莲花）*Echeveria elegans* 'Albicans'

形态特征：厚叶月影是月影的一种叶子轻厚的园艺种，叶色偏蓝绿，叶片有一层薄薄的白霜。叶倒卵形，叶尖外凸或渐尖。花期3～4月份，蝎尾状花序，钟形花外粉内橙黄，是拟石莲属多肉植物易众生的小型品种。

栽培养护：厚叶月影日照充足时会呈淡粉色。粉爪栽培基质的配比为：泥炭：火山石：珍珠岩＝4:1:1（体积比），泥炭为栽培用泥炭，珍珠岩和火山石颗粒大小为3～6mm。厚叶月影喜欢通风的环境，在闷湿环境中容易腐烂化水，它病虫害少。可耐0℃低温，40℃高温，在0～5℃、30～40℃及梅雨季节停止浇水。常用叶插和枝插繁殖。

育种：厚叶月影有性繁殖不育，因此不可育种。

45. 海琳娜 *Echeveria elegans* 'Ayaliana'

形态特征： 海琳娜是月影系的一个园艺品种，颜色比较深。叶倒卵形，叶尖渐尖。松散的蝎尾状花序，钟形花外粉内橙黄，是拟石莲属多肉植物的中小型品种。

栽培养护： 海琳娜喜欢充足的日照环境。海琳娜栽培基质的配比为：泥炭:火山石:珍珠岩 = 4:1:1（体积比），泥炭为栽培用泥炭，珍珠岩和火山石颗粒大小为 3 ～ 6mm。海琳娜喜欢通风环境。冬季可耐 0℃ 低温，夏季可耐 40℃ 高温，在温度 0 ～ 5℃、30 ～ 40℃ 及梅雨季节停止浇水。常用叶插和枝插繁殖。

育种： 海琳娜有性繁殖不育，因此不可育种。

46. 伊利亚 *Echeveria elegans* 'Iria'

形态特征： 伊利亚是月影的一个变种。叶倒卵形，叶尖外凸，顶部有尖。花期 3 ～ 4 月份，蝎尾状聚伞花序，钟形花外粉内黄，是拟石莲属多肉植物小型品种，易群生。

栽培养护： 伊利亚喜欢充足日照，在充足的日照与较大温差环境下叶片可以转变为粉红色。伊利亚栽培基质的配比为：泥炭：火山石:珍珠岩 = 4:1:1（体积比），泥炭为栽培用泥炭，珍珠岩和火山石颗粒大小为 3 ～ 6mm。伊利亚喜欢通风的环境，易感染介壳虫，可用 75% 酒精擦洗或喷洒 2 ～ 3 次。冬季可耐 0℃低温，夏季温度可耐 40℃，在温度 0 ～ 5℃、30 ～ 40℃及梅雨季节停止浇水。常用叶插和枝插繁殖。

育种： 伊利亚有性繁殖不育，不可育种。

47. 墨西哥雪球 *Echeveria elegans* 'Mexican Snowball'

形态特征：墨西哥雪球是月影中偏白色的一种，株型包得较为紧凑，完美的叶形与乳孔白色的叶片看起来像蛋糕一样。叶倒卵形，叶尖外凸，顶部有尖，蝎尾状聚伞花序，钟形花内橙黄外粉，花期4～5月份，易丛生，是拟石莲属多肉植物的小型品种。

栽培养护：墨西哥雪球对日照要求一般，充足的日照使叶片卷包起来，观赏性更好，墨西哥雪球栽培基质的配比为：泥炭∶蛭石∶珍珠岩＝4∶1∶1（体积比），泥炭为栽培用泥炭，珍珠岩和蛭石颗粒大小为3～6mm。墨西哥雪球喜欢通风的环境，抗病害能力较强。冬季可耐−2℃低温，夏季耐45℃高温，在温度−2～5℃、30～45℃和梅雨季节停止浇水，常用叶插和枝插繁殖，有性繁殖可育。

育种：墨西哥雪球与拟石莲属多肉植物的原始种进行杂交，选育新品种，再用无性繁殖方式进行扩繁，保留其优良的性状。

48. 星影 *Echeveria elegans* 'Potosina'

形态特征： 星影是月影的一个变种，它比月影叶子更细长，更易群生。叶倒卵形，叶尖外凸或浙尖，顶部有短尖。花期 3 ～ 4 月份，松散的蝎尾状花序，钟形花外粉内黄，是拟石莲属多肉植物小型品种，易群生。

栽培养护： 星影对日照要求很高，日照不足时叶片变绿。星影栽培基质的配比为：泥炭:蛭石:珍珠岩 = 4:1:1（体积比），泥炭为栽培用泥炭，珍珠岩和蛭石颗粒大小为 3 ～ 6mm。星影喜欢通风的环境，通风不好易化水腐烂。冬季可耐 0℃低温，夏季温度可耐 40℃，在温度 0 ～ 5℃、30 ～ 40℃及梅雨季节停止浇水。常用叶插和枝插繁殖，有性繁殖可育。

育种： 星影与拟石莲属多肉植物的原始种进行杂交，选育新品种，再用无性繁殖方式进行扩繁，保留其优良的性状。

49. 水晶玫瑰 *Echeveria elegans potosina* Crystal (Rose)

形态特征： 水晶玫瑰是月影系多肉植物。叶倒卵形，肥厚，叶绿色至青白色，披薄的白粉，叶尖急尖，易变红，出状态叶缘也会变红，是拟石莲属多肉植物的小型品种。

栽培养护： 水晶玫瑰对日照要求很高，在日照充足的情况下叶片晒得更鲜艳。水晶玫瑰栽培基质的配比为：泥炭:蛭石:珍珠岩 = 4:1:1（体积比），泥炭为栽培用泥炭，珍珠岩和蛭石颗粒大小为 3～6mm。水晶玫瑰喜欢通风的环境。冬季可耐 0℃低温，夏季温度可耐 40℃，在温度 0～5℃、30～40℃及梅雨季节停止浇水。常用叶插和枝插繁殖。

育种： 水晶玫瑰有性繁殖不育，不可育种。

50. 粉月影 *Echeveria elegans* Pink

形态特征：粉月影是拟石莲属月影的变种，叶缘带淡淡的粉色。叶倒卵形，叶尖外凸，顶部有尖。花期 3～5 月份，蝎尾状聚伞花序，钟形花黄色或外淡粉内黄，是拟石莲属多肉植物中小型品种。

栽培养护：粉月影喜欢日照充足的环境。粉月影栽培基质的配比为：泥炭:火山石:珍珠岩 = 4:1:1（体积比），泥炭为栽培用泥炭，珍珠岩和火山石颗粒大小为 3～6mm。粉月影喜欢通风的环境。冬季可耐 0℃ 低温，夏季温度可耐 40℃，在温度 0～5℃、30～40℃ 及梅雨季节停止浇水。常用叶插和枝插繁殖，有性繁殖可育。

育种：粉月影与拟石莲属多肉植物的原始种进行杂交，选育新品种，再用无性繁殖方式进行扩繁，保留其优良的性状。

51.镜莲 *Echeveria elegans* var. *simulans*

形态特征： 镜莲是原始种蓝丝绒在美国拉古娜地区的产地种，叶缘有明显的褶皱。叶倒卵形，叶尖外凸或渐尖，顶部有尖。花期3～4月份，蝎尾状聚伞花序，钟形花外粉内黄，是拟石莲属多肉植物中小型种。

栽培养护： 镜莲喜欢日照充足的环境。镜莲栽培基质的配比为：泥炭∶蛭石∶珍珠岩＝4∶1∶1（体积比），泥炭为栽培用泥炭，珍珠岩和蛭石颗粒大小为3～6mm。镜莲喜通风的环境。冬季可耐0℃低温，夏季温度可耐40℃，在温度0～5℃、30～40℃及梅雨季节停止浇水。常用叶插、枝插和播种繁殖。

育种： 镜莲可与拟石莲属多肉植物的原始种进行杂交，选育新品种，再用无性繁殖方式进行扩繁，保留其优良的性状。

52. 爪儿莲 *Echeveria* 'Frosty Claw'

形态特征： 爪儿莲是拟石莲属多肉植物的杂交品种。叶长倒卵形，叶披粉，绿色，叶尖具短尖，易红。花期 3～4 月份，蝎尾状花序，黄色的钟形花，是拟石莲属多肉中型品种。

栽培养护： 爪儿莲需全日照的环境。爪儿莲栽培基质的配比为：泥炭:蛭石:珍珠岩＝4:1:1（体积比），泥炭为栽培用泥炭，珍珠岩和蛭石颗粒大小为 3～6mm。爪儿莲喜欢通风环境。冬季可耐 0℃低温，夏季可耐 40℃的高温，在温度 0～5℃、30～40℃及梅雨季节停止浇水。常用叶插和枝插繁殖。

育种： 爪儿莲有性繁殖不育，因此不可育种。

53.范女王 Echeveria 'Fun Queen'

形态特征： 范女王是静夜的杂交品种，可晒出嫩粉色。叶倒卵形，叶尖外凸或渐尖，顶部有红尖。花期 3 ~ 4 月份，聚伞花序，钟形花黄色或外橙内黄，是拟石莲属多肉植物中小型品种。

栽培养护： 范女王在日照充足环境才能转变为淡黄色、粉色，是色系较多的品种。范女王栽培基质的配比为：泥炭：火山石：珍珠岩＝4:1:1（体积比），泥炭为栽培用泥炭，火山石和珍珠岩颗粒大小为 3 ~ 6mm。范女王喜欢通风环境，易感染介壳虫，可用 75% 酒精擦洗或喷洒 2 ~ 3 次。冬季可耐 0℃低温，夏季温度可耐 40℃，在温度 0 ~ 5℃、30 ~ 40℃及梅雨季节停止浇水。常用叶插和枝插繁殖，有性繁殖可育。

育种： 范女王与拟石莲属多肉植物的原始种进行杂交，选育新品种，再用无性繁殖方式进行扩繁，保留其优良的性状。

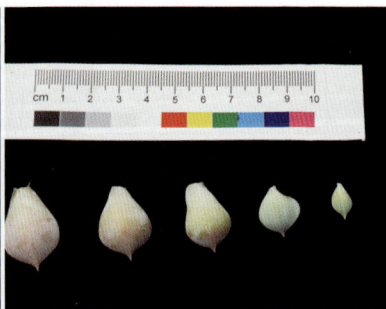

54. 金辉 *Echeveria* 'Golden Glow'

形态特征：金辉是拟石莲属多肉植物的杂交品种。叶倒卵形，较薄，叶前端急尖到具短尖，叶黄绿色，出状态叶前端大范围红晕，植株易分支，易形成多头老桩。花期3～4月份，圆锥花序，钟形花外粉内黄，是拟石莲属多肉植物中大型品种。

栽培养护：金辉喜强烈的日照。金辉栽培基质的配比为：泥炭：蛭石：珍珠岩＝4:1:1（体积比），泥炭为栽培用泥炭，珍珠岩和蛭石颗粒大小为3～6mm。金辉喜欢通风环境，通风不良易有介壳虫寄生，可用75%酒精擦洗或喷洒2～3次。冬季可耐0℃低温，夏季温度可耐40℃，在温度0～5℃、30～40℃及梅雨季节停止浇水。常用叶插和枝插繁殖。

育种：金辉有性繁殖不育，因此不可育种。

55. 财路（柔切斯星影） *Echeveria halbingeri* var. *sanchez-mejoradae*

形态特征：财路是近年来新发现的拟石莲属海冰格瑞的变种。叶倒卵形，叶尖外凸，顶部有尖，是拟石莲属多肉植物的中小型品种。

栽培养护：财路喜欢强烈日照充足的环境。财路栽培基质的配比为：泥炭∶蛭石∶珍珠岩＝4∶1∶1（体积比），泥炭为栽培用泥炭，珍珠岩和蛭石颗粒大小为3～6mm。财路喜欢通风的环境。冬季可耐0℃低温，夏季温度可耐45℃，在温度0～5℃、30～45℃及梅雨季节停止浇水。常用播种、叶插和枝插繁殖。

育种：财路与拟石莲属多肉植物的原始种进行杂交，选育新品种，再用无性繁殖方式进行扩繁，保留其优良的性状。

56. 花筏 *Echeveria* 'Hanaikada'

形态特征： 花筏是拟石莲属多肉植物的杂交品种，培育者：Yokomori。叶倒卵形，叶尖外凸，顶部有尖。聚伞圆锥花序，红色钟形花，是拟石莲属多肉植物的中型品种。

栽培养护： 花筏对日照要求很高，在日照充足条件下，叶片更加艳丽。花筏栽培基质的配比为：泥炭：火山石：珍珠岩 = 4:1:1（体积比），泥炭为栽培用泥炭，珍珠岩和火山石颗粒大小为 3 ～ 6mm。花筏喜欢通风的环境。冬季可耐 0℃低温，夏季温度可耐 45℃，在温度 0 ～ 5℃、30 ～ 45℃及梅雨季节停止浇水。常用叶插和枝插繁殖。

育种： 花筏有性繁殖不育，不可育种。

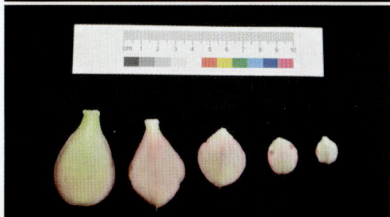

57. 白凤 *Echeveria* 'Hakuhou'

形态特征： 白凤是花之鹤与雪莲的杂交后代，继承了花之鹤的株型和雪莲的白霜。叶倒卵形，叶尖外凸，顶部有钝尖。花期 3～4 月份，蝎尾状聚伞花序，钟形花外粉内橙，是拟石莲属多肉植物的大型品种。

栽培养护： 白凤喜欢日照充足的环境，日照不足时叶边的粉红色会褪去。白凤栽培基质的配比为：泥炭：蛭石：珍珠岩 = 4:1:1（体积比），泥炭为栽培用泥炭，珍珠岩和蛭石颗粒大小为 3～6mm。白凤喜欢通风环境。冬季可耐 0℃ 低温，夏季可耐 45℃ 高温，在温度 0～5℃、30～45℃ 及梅雨季节停止浇水。常用叶插和枝插繁殖。

育种： 白凤有性繁殖不育，因此不可育种。

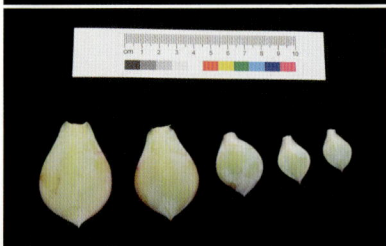

58. 红边月影 *Echeveria* 'Hanatsukiyo'

形态特征：红边月影是原始花月夜和静夜的杂交后代。叶倒卵形，叶尖外凸，顶部有短尖，透明季节性泛红。花期3～4月份，蝎尾状花序，钟形花外粉内黄，是似石莲属多肉植物中小型品种。

栽培养护：红边月影日照充足时，整株都会变成粉红色。红边月影栽培基质的配比为：泥炭：火山石：珍珠岩＝4∶1∶1（体积比），泥炭为栽培用泥炭，珍珠岩和火山石颗粒大小为3～6mm。红边月影喜欢通风环境，闷热易腐烂化水。可耐−2℃低温，不耐高温，在温度−2～5℃、30～35℃及梅雨季节停止浇水。常用叶插和枝插繁殖。

育种：红边月影有性繁殖不育，因此不可育种。

59. 海洋之心 *Echeveria* 'Heart of Ocean'

形态特征： 海洋之心是拟石莲属多肉植物的杂交品种，植株紧密莲座状，较包裹，叶片卵形较厚，叶正面较平整或略凹，叶背圆弧状凸起，叶前端钝形具短尖，叶披粉浅蓝色，叶尖易红，出状态叶缘及周围也微泛粉红。花期 3 ～ 5 月份，花蝎尾状花序，钟形花外粉内黄，是拟石莲属多肉植物中型品种。

栽培养护： 海洋之心喜欢充足日照环境。海洋之心栽培基质的配比为：泥炭：蛭石：珍珠岩 = 4:1:1（体积比），泥炭为栽培用泥炭，珍珠岩和蛭石颗粒大小为 3 ～ 6mm。海洋之心喜欢通风的环境，对病虫害的抗性强。可耐 0℃低温，40℃高温，在温度 0 ～ 5℃、30 ～ 40℃及梅雨季节停止浇水。常用叶插和枝插繁殖。

育种： 海洋之心有性繁殖不育，因此不可育种。

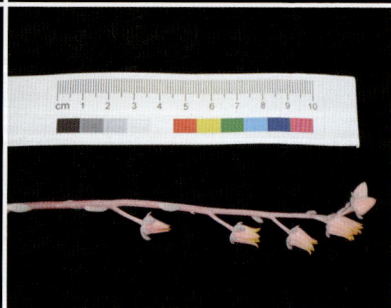

60. 冰玉 *Echeveria* 'Ice green'

形态特征：冰玉是雪莲杂交品种，肥厚的叶片带有薄薄一层白霜。叶倒卵形，叶尖外凸，顶部有尖。花期3～4月份，蝎尾状聚伞花序，钟形花外粉内黄，是拟石莲属多肉植物中小型品种，易群生。

栽培养护：冰玉对日照需求很高，需要日照充足的环境。冰玉栽培基质的配比为：泥炭∶火山石∶珍珠岩＝4∶1∶1（体积比），泥炭为栽培用泥炭，珍珠岩和火山石颗粒大小为3～6mm。冰玉喜欢通风的环境，闷湿易化水腐烂。冬季可耐0℃低温，夏季温度可耐45℃，在温度0～5℃、30～45℃及梅雨季节停止浇水。常用叶插和枝插繁殖。

育种：冰玉有性繁殖不育，不可育种。

61.朱安丽娜 *Echeveria juliana*

形态特征：朱安丽娜是拟石莲属多肉植物的原始种，叶片淡粉色。叶倒卵形，叶尖外凸或渐尖，顶部有尖。花期4～5月份，蝎尾状聚伞花序，粉色钟形花，是拟石莲属多肉植物中小型种。

栽培养护：朱安丽娜对日照需求较高，在日照不是太充裕的环境下，叶片也很容易转变为紫色。朱安丽娜栽培基质的配比为：泥炭：火山石：珍珠岩＝4:1:1（体积比），泥炭为栽培用泥炭，珍珠岩和火山石颗粒大小为3～6mm。朱安丽娜喜通风的环境。冬季可耐0℃低温，夏季温度可耐40℃，在温度0～5℃、30～40℃及梅雨季节停止浇水。常用有性繁殖。

育种：朱安丽娜可与拟石莲属多肉植物的一些品种、景天科其他属的一些品种进行杂交，选育新品种，再用无性繁殖方式进行扩繁，保留其优良的性状。

62. 雪莲（劳氏石莲花） *Echeveria laui*

形态特征： 雪莲是拟石莲属多肉植物具有代表性的原始经典种，厚厚的白霜和圆润紧凑株型令多肉爱好者着迷。叶倒卵形，叶尖外凸，蝎尾状聚伞花序，红色钟形花，花期 3～5 月份，是拟石莲属多肉植物的中型品种。

栽培养护： 雪莲对日照要求较高，充足的日照和适宜的温差，洁白如雪，状态极佳。雪莲栽培基的配比为：泥炭：火山石：珍珠岩 = 4:1:1（体积比），泥炭为栽培用泥炭，珍珠岩和火山石颗粒大小为 3～6mm。雪莲对通风要求较高，闷湿会导致黑腐病，加强通风，梅雨季节停止浇水，是防止黑腐病的关键。冬季可耐 0℃ 低温，夏季可耐 45℃ 高温，在温度 0～5℃、30～45℃ 停止浇水。常用种子繁殖，叶插繁殖成苗率极低。

育种： 雪莲繁殖有无性繁殖和有性繁殖。无性繁殖以枝插为主，叶插由于成苗率低很少采用。有性繁殖是雪莲繁殖的主要方式，每年 3～5 月份雪莲花盛开之时，不同个体之间可进行授粉，一个月后种子成熟。雪莲作为经典原始种与拟石莲属其他一些多肉植物进行杂交，也可与景天科其他属多肉植物一些品种进行杂交，其杂交新品种很多，可用无性繁殖的方式将新品种的性状固定下来。

63. 雪爪（比安特）*Echeveria laui* 'Viyant'

形态特征： 雪爪是雪莲的杂交品种，从韩国引入。叶狭长的倒卵形，叶尖外凸，顶部有红尖。花期3～4月份，蝎尾状聚伞花序，粉色钟形花，是拟石莲属多肉植物的小型品种。

栽培养护： 雪爪要求充足的日照，继承雪莲不怕热特性。雪爪栽培基质的配比为：泥炭∶蛭石∶珍珠岩＝4∶1∶1（体积比），泥炭为栽培用泥炭，珍珠岩和蛭石颗粒大小为3～6mm。雪爪喜欢通风的环境，抗病虫性较强。冬季温度不能低于5℃，夏季可耐45℃的高温，在温度30～45℃及梅雨季节停止浇水。常用叶插和枝插繁殖，有性繁殖可育。

育种： 雪爪可与拟石莲属其他多肉植物的原始种进行杂交，选育新品种，再用无性繁殖方法将其性状保留下来。

64. 芙蓉雪莲 *Echeveria laui* × lindsayana

形态特征： 芙蓉雪莲是雪莲与卡罗拉的杂交后代。叶倒卵形，叶尖外凸，顶部有纯小尖。花期3～5月份，花蝎尾状聚伞花序，钟形花外粉内橙黄，是拟石莲属多肉植物中型品种。

栽培养护： 芙蓉雪莲喜欢强烈的日照，夏季也不需要遮阳。芙蓉雪莲栽培基质的配比为：泥炭∶火山石∶珍珠岩 = 4∶1∶1（体积比），泥炭为栽培用泥炭，珍珠岩和火山石颗粒大小为3～6mm。芙蓉雪莲喜欢通风的环境，对病虫害的抗性强。可耐−2℃低温，45℃高温，在温度0～5℃、30～45℃及梅雨季节停止浇水。常用叶插和枝插繁殖。

育种： 芙蓉雪莲有性繁殖不育，因此不可育种。

65.劳拉 *Echeveria* 'Laura'

形态特征：劳拉是拟石莲属多肉植物的杂交品种，叶片有种透明感。叶倒卵形，叶尖外凸或渐尖，顶部有尖。花期4～5月份，蝎尾状聚伞花序，钟形花外橙内黄，是拟石莲属多肉植物的小型品种，易群生。

栽培养护：劳拉对日照要求很高，充足日照叶片能晒出非常强的透明感，也就是大家追捧的果冻色。劳拉栽培基质的配比为：泥炭：蛭石：珍珠岩＝4:1:1（体积比），泥炭为栽培用泥炭，珍珠岩和蛭石颗粒大小为3～6mm。劳拉喜欢通风环境。冬季可耐0℃低温，夏季温度不可超过45℃，在温度0～5℃、30～45℃及梅雨季节停止浇水。常用叶插和枝插繁殖。

育种：劳拉有性繁殖不育，因此不可育种。

66.丽娜莲 *Echeveria lilacina*

形态特征：丽娜莲是人们喜爱的拟石莲属多肉植物的原始种，叶缘微带波浪，身披白霜。叶倒卵形，叶尖渐尖。花期3～5月份，蝎尾状聚伞花序，钟形花外粉内黄，是拟石莲属多肉植物的中型种。

栽培养护：丽娜莲对日照要求不高，5h以上日照，叶片形态就较优美。丽娜莲栽培基质的配比为：泥炭∶蛭石∶珍珠岩＝4∶1∶1（体积比），泥炭为栽培用泥炭，珍珠岩和蛭石颗粒大小为3～6mm。丽娜莲喜欢通风的环境，不通风与潮湿环境易生介壳虫，可用75%酒精擦洗或喷洒2～3次。冬季可耐 -2℃低温，夏季可耐45℃高温，在温度 -2～5℃、30～45℃及梅雨季节停止浇水。常用叶插繁殖，有性繁殖可育。

育种：丽娜连可与拟石莲属多肉植物的一些品种、景天科其他属的一些品种进行杂交，选育一些新的品种，用无性繁殖将一些优良的性状保留下来，进行扩繁。

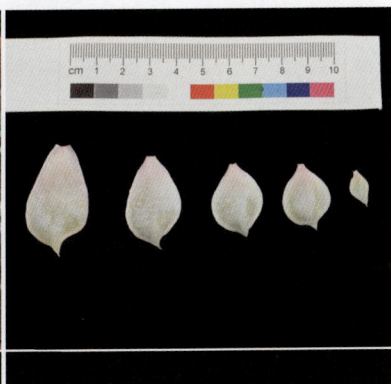

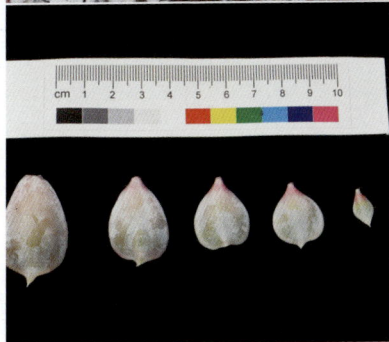

67. 露娜莲 Echeveria 'Lola'

形态特征： 露娜莲是蒂比与丽娜莲的杂交后代，它有完美的叶形和色调。叶倒卵形，叶渐尖，顶邻有短尖。花期 3 ～ 4 月份，蝎尾状聚伞花序，钟形花外橙内黄，是拟石莲属多肉植物的中型品种。

栽培养护： 露娜莲全日照和半日照都可栽培，随着日照的延长，植株更健康，叶形更美。露娜莲栽培基质的配比为：泥炭∶蛭石∶珍珠岩 = 4∶1∶1(体积比)，泥炭为栽培用泥炭，珍珠岩和蛭石颗粒大小为 3 ～ 6mm。露娜莲喜欢通风的环境，抗病虫能力强。冬季可耐 0℃低温，夏季可耐 40℃高温。在温度 0 ～ 5℃、30 ～ 40℃及梅雨季节停止浇水。常用叶插繁殖，有性繁殖可育。

育种： 露娜莲可与拟石莲属多肉植物的原始种进行杂交，选育一些新的品种，然后采用无性繁殖的方式扩繁保留其性状。

68. 鱿鱼 *Echeveria lutea*

形态特征：鱿鱼是拟石莲属多肉植物极其独特的原始种，其内卷成沟状的叶为它的特色，叶片有绿色、棕色等不同形色。叶线形或狭长的卵形，内卷，叶尖急尖，顶部有尖。花期7～8月份，蝎尾状聚伞花序，黄色钟形花，是拟石莲属多肉植物中小型种。

栽培养护：鱿鱼对日照需求较高，强烈的日照更能促进显示它的美，夏天不要遮阳。鱿鱼栽培基质的配比为：泥炭∶蛭石∶珍珠岩＝4∶1∶1（体积比），泥炭为栽培用泥炭，珍珠岩和蛭石颗粒大小为3～6mm。鱿鱼喜通风的环境。冬季可耐0℃低温，夏季温度可耐45℃，在温度0～5℃、30～45℃及梅雨季节停止浇水。常用有性繁殖。

育种：鱿鱼可与拟石莲属多肉植物的一些品种、景天科其他属的一些品种进行杂交，选育新品种，再用无性繁殖方式进行扩繁，保留其优良的性状。

69. 女雏 *Echeveria* 'Mebina'

形态特征： 女雏是拟石莲属多肉植物的杂交种，体型玲珑，肉肉的黄绿色叶片和红边十分可爱。叶倒卵形，叶尖外凸或渐尖，顶部有红尖。花期 3 ～ 4 月份，蝎尾状聚伞花序，黄色钟形花，是拟石莲属多肉植物的小型品种，易群生。

栽培养护： 女雏喜欢充足的日照环境。女雏栽培基质的配比为：泥炭:蛭石:珍珠岩 = 4:1:1（体积比），泥炭为栽培用泥炭，珍珠岩和蛭石颗粒大小为 3 ～ 6mm。女雏喜欢通风环境。冬季可耐 0℃低温，夏季可耐 40℃高温，在温度 0 ～ 5℃、30 ～ 40℃及梅雨季节停止浇水。常用叶插和枝插繁殖。

育种： 女雏有性繁殖不育，因此不可育种。

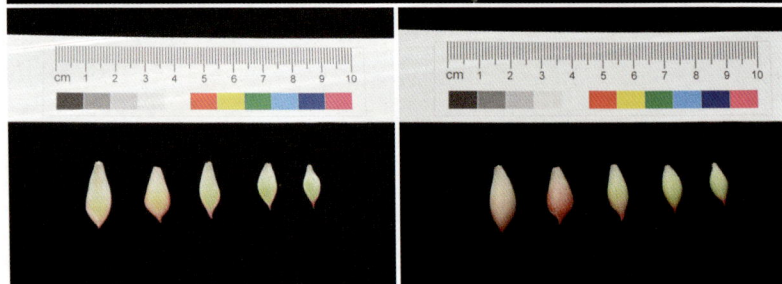

70. 墨西哥巨人 *Echeveria* 'Mexican Giant'

形态特征：墨西哥巨人是卡罗拉一个园艺品种。叶倒卵形近椭圆形，叶尖微凸，顶部有红尖，花期3～4月份，蝎尾状花序，钟形花外粉内黄，是拟石莲属多肉植物大型品种。

栽培养护：墨西哥巨人喜欢强烈的日照。墨西哥巨人栽培基质的配比为：泥炭∶火山石∶珍珠岩=4∶1∶1（体积比），泥炭为栽培用泥炭，珍珠岩和火山石颗粒大小为3～6mm。墨西哥巨人喜欢通风的环境，闷湿易化水腐烂。冬季可耐0℃低温，夏季温度可耐45℃，在温度0～5℃、30～45℃及梅雨季节停止浇水。常用叶插和枝插繁殖，有性繁殖可育。

育种：墨西哥巨人与拟石莲属多肉植物的原始种进行杂交，选育新品种，再用无性繁殖方式进行扩繁，保留其优良的性状。

71. 原始姬莲（白姬莲）*Echeveria minima*

形态特征：原始姬莲是拟石莲属多肉植物有名的原始种，实生个体形状有所不同。叶倒卵形厚叶，叶尖外凸或截形，顶部有红尖。花期6～7月份，蝎尾状聚伞花序，黄色钟形花，是拟石莲属多肉植物的小型种，易群生。

栽培养护：原始姬莲对日照需求很高，充足的日照叶片包紧，日照不足叶片变绿摊开。原始姬莲栽培基质的配比为：泥炭∶火山石∶珍珠岩＝4∶1∶1（体积比），泥炭为栽培用泥炭，珍珠岩和火山石颗粒大小为3～6mm。原始姬莲喜欢通风环境，通风不良有介壳虫寄生，可用75%酒精擦洗或喷洒2～3次。冬季可耐0℃低温，夏季温度可耐40℃，在温度0～5℃、30～40℃及梅雨季节停止浇水。常用叶插和枝插繁殖，有性繁殖可育。

育种：原始姬莲可与拟石莲属多肉植物的一些品种，景天科其他属的一些品种进行杂交，选育新品种，再用无性繁殖方式进行扩繁，保留其优良的性状。

72. 梦露 *Echeveria* 'Monroe'

形态特征：梦露是雪莲和卡罗拉的杂交品种。叶倒卵形，叶尖外凸或渐尖，顶部有红尖。花期3～4月份，蝎尾状聚伞花序，钟形花外粉内黄，是拟石莲属多肉植物中型品种。

栽培养护：梦露喜欢强烈日照。梦露栽培基质的配比为：泥炭∶火山石∶珍珠岩＝4∶1∶1（体积比），泥炭为栽培用泥炭，珍珠岩和火山石颗粒大小为3～6mm。梦露喜通风的环境。冬季可耐0℃低温，夏季温度可耐45℃，在温度0～5℃、30～45℃及梅雨季节停止浇水。常用叶插和枝插繁殖，有性繁殖可育。

育种：梦露可与拟石莲属多肉植物的原始种进行杂交，选育新品种，再用无性繁殖方式进行扩繁，保留其优良的性状。

73. 月光女神 *Echeveria* 'Moon Gad Varnish'

形态特征： 月光女神是原始花月夜与静夜的杂交后代，从逆光方向看叶片，叶边会泛出特有的光边。叶倒卵形，叶尖外凸或渐尖，顶部有尖。花期 3 ～ 4 月份，蝎尾状聚伞花序，黄色钟形花，是拟石莲属多肉植物中小型品种。

栽培养护： 月光女神喜欢日照充足环境，在日照充足条件下，红边更加艳丽。月光女神栽培基质的配比为：泥炭∶火山石∶珍珠岩＝4∶1∶1（体积比），泥炭为栽培用泥炭，珍珠岩和火山石颗粒大小为 3 ～ 6mm。月光女神喜欢通风的环境。冬季可耐 0℃低温，夏季温度可耐 40℃，在温度 0 ～ 5℃、30 ～ 40℃及梅雨季节停止浇水。常用叶插和枝插繁殖。

育种： 月光女神有性繁殖不育，不可育种。

74. 摩氏玉莲（摩氏石莲）*Echeveria moranii*

形态特征： 摩氏玉莲是拟石莲属多肉植物一个经典的原始种。叶倒卵形，内卷，叶尖外凸或截形，顶部有尖。花期12～1月份，总状花序，粉色钟形花，是拟石莲属多肉植物中小型种，易群生。

栽培养护： 摩氏玉莲全日照或半日照都可栽培，日照减少后叶片会慢慢变绿。摩氏玉莲栽培基质的配比为：泥炭∶蛭石∶珍珠岩＝4∶1∶1（体积比），泥炭为栽培用泥炭，珍珠岩和蛭石颗粒大小为3～6mm。摩氏玉莲喜通风的环境。冬季可耐0℃低温，夏季温度可耐40℃，在温度0～5℃、30～40℃及梅雨季节停止浇水。常用叶插、枝插和播种繁殖。

育种： 摩氏玉莲可与拟石莲属多肉植物的一些品种及景天科其他属的一些多肉植物品种进行杂交，选育新品种，再用无性繁殖方式进行扩繁，保留其优良的性状。

75. 娜娜小沟 *Echeveria* 'Nana mini hook'

形态特征： 娜娜小沟是从韩国引进的拟石莲属多肉植物的一个杂交种，叶尖带有十分明显的小指甲，就像收拢的小爪子。叶倒卵形，叶尖外凸，顶部有红尖。花期 6～7 月份，蝎尾状花序，钟形花黄色，是拟石莲属多肉植物的小型品种，易群生。

栽培养护： 娜娜小沟需要全日照光照。娜哪小沟栽培基质的配比为：泥炭：火山石：珍珠岩 = 4:1:1（体积比），泥炭为栽培用泥炭，珍珠岩和火山石颗粒大小为 3～6mm。娜娜小沟喜欢通风环境，抗病虫能力强。冬季可耐 0℃低温，夏季温度可耐 40℃，在温度 0～5℃、30～40℃及梅雨季节停止浇水。常用叶插和枝插繁殖。

育种： 娜哪小沟有性繁殖不育，因此不可育种。

76. 晚霞之舞 *Echeveria* 'Neon Breakers'

形态特征：晚霞之舞是明显带有沙维娜基因的拟石莲属多肉植物的褶叶品种，叶片为粉色乃至橙色，叶片有一层很薄的蜡质保护层。叶倒卵形，叶尖圆形或外凸，顶部有尖。花期 7～8 月份，蝎尾状聚伞花序，钟形花外粉内黄，是拟石莲属多肉植物中型品种，易群生。

栽培养护：晚霞之舞对日照需求很高，日照不足很快变绿。晚霞之舞栽培基质的配比为：泥炭：蛭石：珍珠岩 = 4:1:1（体积比），泥炭为栽培用泥炭，珍珠岩和蛭石颗粒大小为 3～6mm。晚霞之舞喜欢通风的环境，易感染介壳虫，可用 75% 酒精擦洗或喷洒 2～3 次。冬季可耐 0℃低温，夏季温度可耐 40℃，在温度 0～5℃、30～40℃及梅雨季节停止浇水。常用枝插和叶插繁殖。

育种：晚霞之舞有性繁殖不育，不可育种。

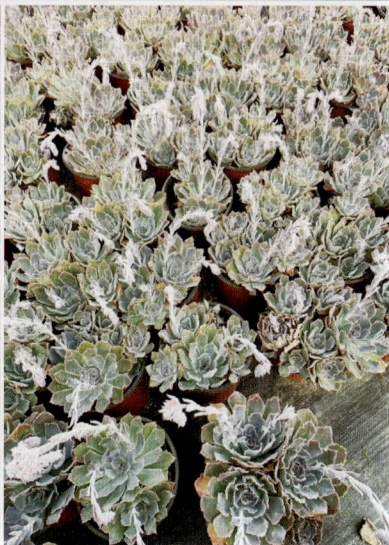

77. 红司 *Echeveria nodulosa*

形态特征： 红司是一个非常有特征多变的原始种，有明显的红色纹路。叶倒卵形，叶尖外凸，顶部或有尖。花期3～4月份，总状聚伞花序，粉色钟形花，是拟石莲属多肉植物中小型品种。

栽培养护： 红司喜欢日照充足的环境，日照充足酒红色纹路明显。红司栽培基质的配比为：泥炭：火山石：珍珠岩＝4∶1∶1（体积比），泥炭为栽培用泥炭，珍珠岩和火山石颗粒大小为3～6mm。红司喜通风的环境，易感染介壳虫，可用75%酒精擦洗或喷洒2～3次。冬季可耐0℃低温，夏季温度可耐45℃，在温度0～5℃、30～45℃及梅雨季节停止浇水。常用叶插和枝插繁殖，有性繁殖可育。

育种： 红司可与拟石莲属多肉植物的一些品种及景天科其他属的一些多肉植物品种进行杂交，选育新品种，再用无性繁殖方式进行扩繁，保留其优良的性状。

78. 昂斯诺 *Echeveria* 'Onslow'

形态特征： 昂斯诺是来自韩国的拟石莲属多肉植物的杂交种。叶倒卵形，叶尖外凸或渐尖，顶部有尖。花期3～4月份，蝎尾状花序，钟形花外粉内黄，是拟石莲属多肉植物中小型品种，易众生。

栽培养护： 昂斯诺对日照需求较高，增加日照和温差，叶片颜色会变粉黄。昂斯诺栽培基质的配比为：泥炭：蛭石：珍珠岩 = 4：1：1（体积比），泥炭为栽培用泥炭，珍珠岩和蛭石颗粒大小为3～6mm。昂斯诺喜欢通风环境。冬季可耐0℃低温，夏季温度可耐45℃，在温度0～5℃、30～45℃及梅雨季节停止浇水。常用叶插和枝插繁殖。

育种： 昂斯诺有性繁殖不育，因此不可育种。

79. 猎户座 *Echeveria* 'Orion'

形态特征：猎户座是拟石莲属多肉植物的杂交品种，叶片粉蓝色，带红边，叶缘略带透明感。叶倒卵形，背部有不明显叶脊，叶尖外凸或渐尖，顶部有尖。花期 3 ～ 4 月份，蝎尾状聚伞花序，钟形花黄色或外橙内黄，是拟石莲属多肉植物中型品种。

栽培养护：猎户座喜欢充足日照，日照不足会变绿。猎护座栽培基质的配比为：泥炭∶蛭石∶珍珠岩 = 4∶1∶1（体积比），泥炭为栽培用泥炭，珍珠岩和蛭石颗粒大小为 3 ～ 6mm。猎护座喜欢通风环境。冬季可耐 0℃ 低温，夏季可耐 45℃ 高温，在温度 0 ～ 5℃、30 ～ 45℃ 及梅雨季节停止浇水。常用叶插和枝插繁殖。

育种：猎户座有性繁殖不育，因此不可育种。

80. 霜之鹤（霜鹤） *Echeveria pallida*

形态特征： 霜之鹤是拟石莲属多肉植物的原始种。叶倒卵形，叶尖外凸，顶部有尖。花期 1～2 月份，聚伞圆锥花序，红色钟形花，是石莲花属多肉植物的大型品种，易群生。

栽培养护： 霜之鹤对日照要求很高，特别是花期，日照不足时花箭会往下弯曲。霜之鹤栽培基质的配比为：泥炭：火山石：珍珠岩 = 4：1：1（体积比），泥炭为栽培用泥炭，珍珠岩和火山石颗粒大小为 3～6mm。霜之鹤喜通风的环境。冬季可耐 –2℃低温，夏季温度可耐 40℃，在温度 –2～5℃、30～40℃及梅雨季节停止浇水。常用叶插和枝插繁殖，有性繁殖可育。

育种： 霜之鹤可与拟石莲属多肉植物的一些品种及景天科其他属的一些多肉植物品种进行杂交，选育新品种，再用无性繁殖方式进行扩繁，保留其优良的性状。

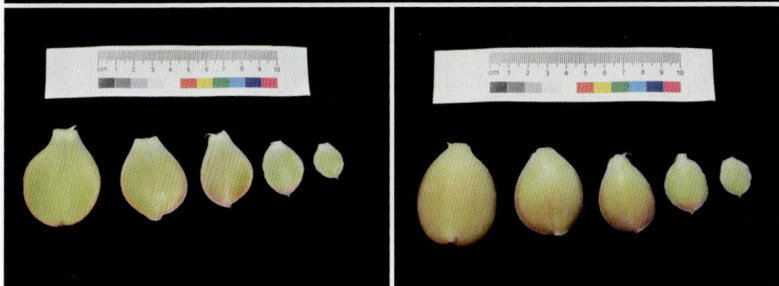

81. 花之鹤 *Echeveria* 'Pallida Prinue'

形态特征：花之鹤是霜之鹤的杂交品种，来自日本，叶子可季节性地呈现有嫩黄和红边。叶倒卵形，叶尖外凸，顶部有尖。花期3～4月份，蝎尾状聚伞花序，黄色钟形花，是拟石莲属多肉植物中大型品种。

栽培养护：花之鹤对日照要求较高，充足的日照能使叶片变为金黄色。花之鹤栽培基质的配比为：泥炭：蛭石：珍珠岩 = 4:1:1（体积比），泥炭为栽培用泥炭，珍珠岩和蛭石颗粒大小为3～6mm。花之鹤喜通风的环境。冬季可耐0℃低温，夏季温度可耐45℃，在温度0～5℃、30～45℃及梅雨季节停止浇水。常用叶插和枝插繁殖，有性繁殖可育。

育种：花之鹤可与拟石莲属多肉植物的原始种进行杂交，选育新品种，再用无性繁殖方式进行扩繁，保留其优良的性状。

82. 碧桃 Echeveria 'Peach Pride'

形态特征：碧桃是拟石莲属多肉植物的杂交品种，叶子从黄色到绿色不等，温差大时会有红边。叶倒卵形，叶尖圆形或外凸，顶部有短尖。花期 1～2 月份，圆锥花序，钟形花外粉内黄，是拟石莲属多肉植物中小型品种，易群生。

栽培养护：碧桃喜欢日照充足的环境，在日照充足、温差较大条件下，整株会变成粉红色。碧桃栽培基质的配比为：泥炭:蛭石:珍珠岩 = 4:1:1（体积比），泥炭为栽培用泥炭，珍珠岩和蛭石颗粒大小为 3～6mm。碧桃喜欢通风环境。冬季可耐 0℃低温，夏季可耐 45℃高温，在温度 0～5℃、30～45℃及梅雨季节停止浇水。常用叶插和枝插繁殖。

育种：碧桃有性繁殖不育，因此不可育种。

83. 皮氏蓝石莲（养老石莲）*Echeveria peacockii*

形态特征：皮氏蓝石莲是拟石莲属多肉植物的原始种。叶倒卵形，叶缘微褶，叶尖渐尖或外凸，顶部有短尖。花期 3 ～ 4 月份，蝎尾状花序，钟形花外粉内黄，是拟石莲属多肉植物中小型品种。

栽培养护：皮氏蓝石莲对日照需求较高，日照不足时不但会徒长，而且叶子还会下塌。皮氏蓝石莲栽培基质的配比为：泥炭:火山石:珍珠岩 = 4:1:1（体积比），泥炭为栽培用泥炭，珍珠岩和火山石颗粒大小为 3 ～ 6mm。皮氏蓝石莲喜通风的环境。冬季可耐 0℃低温，夏季温度可耐 40℃，在温度 0 ～ 5℃、30 ～ 40℃及梅雨季节停止浇水。常用叶插、枝插和播种繁殖。

育种：皮氏蓝石莲可与拟石莲属多肉植物的一些品种及景天科其他属的一些多肉植物品种进行杂交，选育新品种，再用无性繁殖方式进行扩繁，保留其优良的性状。

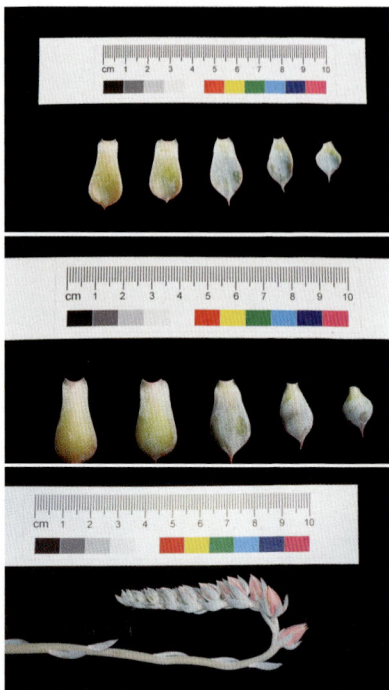

84. 紫珍珠 *Echeveria* 'Perle von Nuemberg'

形态特征： 紫珍珠是拟石莲属多肉植物的杂交品种，叶形完美，像紫色珍珠。叶倒卵形，天鹅绒质感，叶尖外凸，顶部有尖。花期3～4月份，蝎尾状聚伞花序，粉色钟形花，是拟石莲属多肉的中型品种，易群生。

栽培养护： 紫珍珠对日照需求较高，充足日照能使其叶片长期保持粉紫色。紫珍珠栽培基质的配比为：泥炭:蛭石:珍珠岩＝4:1:1（体积比），泥炭为栽培用泥炭，珍珠岩和蛭石颗粒大小为3～6mm。紫珍珠喜欢通风环境，闷热易腐烂，易感染介壳虫，可用75%的酒精擦洗或喷洒2～3次。冬季可耐0℃低温，夏季温度不可超过35℃，在温度0～5℃、30～35℃及梅雨季节停止浇水。常用叶插和枝插繁殖。

育种： 紫珍珠有性繁殖不育，因此不可育种。

85. 粉香槟 *Echeveria* 'Pink Champagne'

形态特征：粉香槟是叶色偏粉的香槟，同类还有白香槟，因为是有性繁殖品种，每棵都会有所不同，部分品种还有特殊的暗纹。叶倒卵形，叶尖外凸，顶部有纯尖。花期 3 ～ 4 月份，蝎尾状聚伞花序，粉色钟形花，是拟石莲属多肉植物中小型品种。

栽培养护：粉香槟喜欢强的日照。粉香槟栽培基质的配比为：泥炭：火山石：珍珠岩＝4:1:1（体积比），泥炭为栽培用泥炭，珍珠岩和火山石颗粒大小为 3 ～ 6mm。粉香槟喜通风的环境。冬季可耐 0℃低温，夏季温度可耐 45℃，在温度 0 ～ 5℃、30 ～ 45℃及梅雨季节停止浇水。常用枝插和叶插繁殖。

育种：粉香槟有性繁殖不育，因此不可育种。

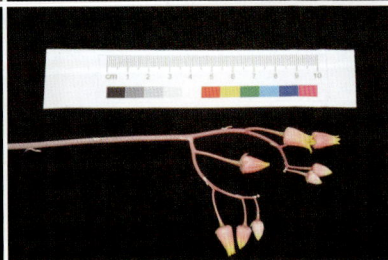

86. 粉爪 *Echeveria* 'Pink Zaragosa'

形态特征： 粉爪是起源不明的拟石莲属多肉植物的杂交种，引自韩国。叶狭长，倒卵形，叶尖微凸，急尖或渐尖，顶部有红尖。花期 3 ～ 4 月份，聚伞花序，钟形花外粉内黄，是石莲花属多肉植物的中小型品种。

栽培养护： 粉爪对日照要求很高，需阳光充足的环境。粉爪栽培基质的配比为：泥炭：火山石：珍珠岩 = 4:1:1（体积比），泥炭为栽培用泥炭，珍珠岩和火山石颗粒大小为 3 ～ 6mm。粉爪需要适当通风的环境，不耐低温，冬季温度应在 5℃ 以上，夏季可耐 40℃ 的高温，在温度 30 ～ 40℃ 及梅雨季节停止浇水。常用叶插和枝插繁殖。

育种： 粉爪有性繁殖不育，因此不可育种。

87. 纸风车 Echeveria 'pinwheel'

形态特征： 纸风车是拟石莲属多肉植物的杂交品种。叶倒卵，叶尖外凸或截形，顶部有红尖。花期6～7月份，蝎尾状花序，钟形花外粉内黄，是拟石莲属多肉植物中小型品种。

栽培养护： 纸风车需要充裕日照环境。纸风车栽培基质的配比为：泥炭：火山石：珍珠岩＝4:1:1（体积比），泥炭为栽培用泥炭，珍珠岩和火山石颗粒大小为3～6mm。纸风车喜通风的环境。冬季可耐0℃低温，夏季温度可耐35℃，在温度0～5℃、30～35℃及梅雨季节停止浇水。常用叶插和枝插繁殖。

育种： 纸风车有性繁殖不育，因此不可育种。

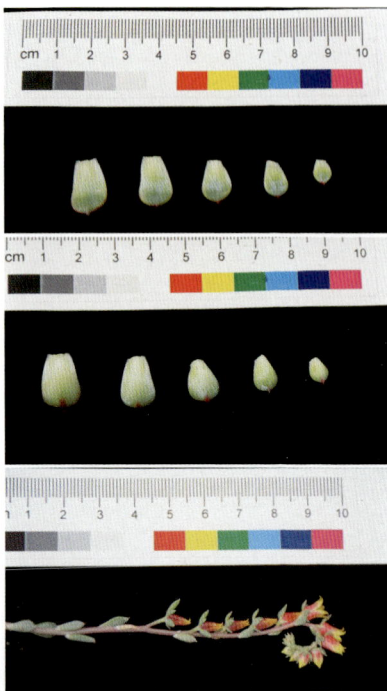

88. 子持白莲 *Echeveria prolifica*

形态特征：子持白莲是拟石莲属多肉植物中特殊的原始种，它能走茎，每一个小头摘下来都可以单独生长，叶倒卵形，叶尖渐尖或外凸，顶部偶有短尖。花期 3～5 月份，非常紧凑的伞房花序，黄色钟形花，是拟石莲属多肉植物易群生的小型种。

栽培养护：子持白莲在日照充足、温差较大的环境下，叶形紧凑，粉粉的叶片极其美丽。子持白莲栽培基质的配比为：泥炭:蛭石:珍珠岩 = 4:1:1（体积比），泥炭为栽培用泥炭，珍珠岩和蛭石颗粒大小为 3～6mm。子持白莲喜欢通风干燥环境，应加强通风，梅雨季节应停止浇水。冬季温度不低于 0℃，夏季高于 40℃ 易化水，尽量避开低温和高温时浇水。常用叶插和枝插繁殖。

育种：子持白莲繁殖以叶插和枝插的无性繁殖为主，由于它是拟石莲属比较奇特的原始种，它可以与同属的其他一些多肉植物品种及景天科其他属一些多肉植物品种进行杂交，能选育一些新的杂交种，用无性繁殖保留其性状。

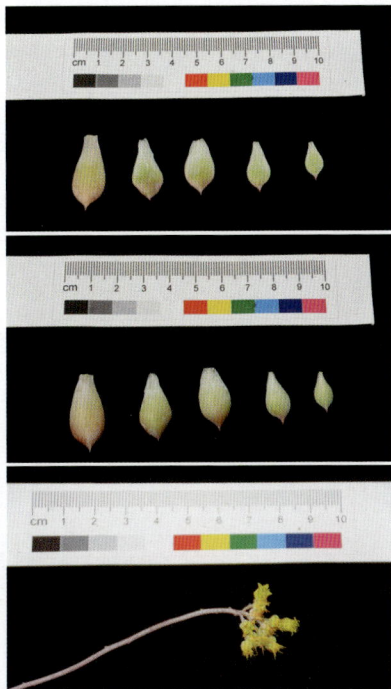

89.原始花月夜 *Echeveria pulidonis*

形态特征： 原始花月夜是拟石莲属多肉植物的原始种。叶倒卵形，叶尖外凸，顶邻有红尖。花期3～4月份，蝎尾状聚伞花序，黄色钟形花，是拟石莲属多肉植物中小型种。

栽培养护： 原始花月夜喜欢较强的日照，日照不足时红边会褪去。原始花月夜栽培基质的配比为：泥炭∶火山石∶珍珠岩＝4∶1∶1（体积比），泥炭为栽培用泥炭，珍珠岩和火山石颗粒大小为3～6mm。原始花月夜喜通风的环境。冬季可耐0℃低温，夏季温度可耐45℃，在温度0～5℃、30～45℃及梅雨季节停止浇水。常用叶插和枝插繁殖，有性繁殖可育。

育种： 原始花月夜可与拟石莲属多肉植物的一些品种及景天科其他属的一些多肉植物品种进行杂交，选育新品种，再用无性繁殖方式进行扩繁，保留其优良的性状。

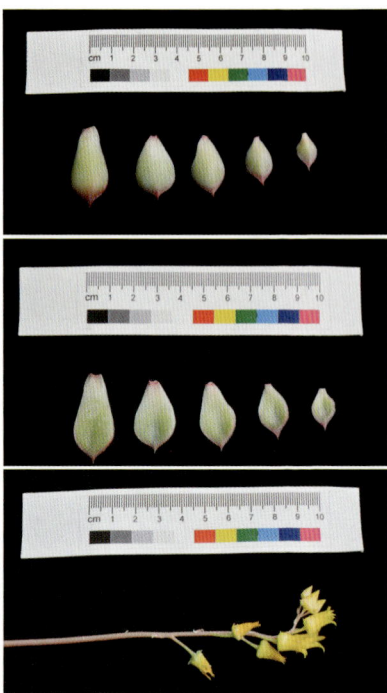

90.花月夜 *Echeveria pulidonis*

形态特征：花月夜是原始花月夜的杂交种，与原始花月夜相似，但红边更明显。叶倒卵形，叶尖外凸，顶部有红尖。花期3～4月份，蝎尾状聚伞花序，钟形花外粉内黄，是拟石莲属多肉植物的中小型品种。

栽培养护：花月夜喜较强的日照，日照不足时叶片颜色会褪去转变为绿色。花月夜栽培基质的配比为：泥炭:蛭石:珍珠岩＝4:1:1（体积比），泥炭为栽培用泥炭，珍珠岩和蛭石颗粒大小为3～6mm。喜欢通风环境，抗病虫害能力强。能耐0℃低温，夏季高温时要遮阳，避免晒伤，在0～5℃、30～40℃及梅雨季节停止浇水。常用叶插和枝插繁殖，有性繁殖可育。

育种：花月夜可与拟石莲属多肉植物的原始种进行杂交，选育一些新的杂交种，然后用无性繁殖将其性状保留下来。

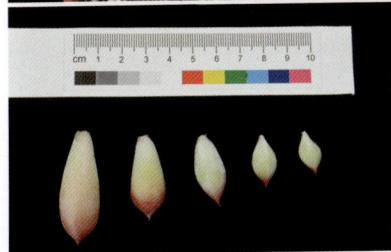

91. 锦晃星 *Echeveria pulvinata*

形态特征：锦晃星是拟石莲属多肉植物的原始种，叶面有细小的绒毛。叶倒卵形，叶尖外凸，顶部有不明显钝尖。花期2～3月份，总状近穗状排列的聚伞花序号，钟形花上红下黄，是拟石莲属多肉植物中小型品种，易群生。

栽培养护：锦晃星对日照需求一般，夏季要适当遮阳。锦晃星栽培基质的配比为：泥炭∶火山石∶珍珠岩＝4∶1∶1（体积比），泥炭为栽培用泥炭，珍珠岩和火山石颗粒大小为3～6mm。锦晃星喜通风的环境。冬季不能低于5℃低温，夏季温度可耐40℃，在温度30～40℃及梅雨季节停止浇水。常用叶插、枝插繁殖，有性繁殖可育。

育种：锦晃星可与拟石莲属多肉植物的一些品种及景天科其他属的一些多肉植物品种进行杂交，选育新品种，再用无性繁殖方式进行扩繁，保留其优良的性状。

92. 雨滴 *Echeveria* 'Rain Drops'

形态特征： 雨滴是拟石莲属多肉植物一个很特别杂交品种，随着环境压力和季节变化，叶子会鼓起雨滴一样的鼓包。叶倒卵形，叶尖外凸或截形，顶部有尖。花期6～7月份，蝎尾状聚伞花序，钟形花外粉内黄，是拟石莲属多肉植物的中型品种。

栽培养护： 雨滴对日照要求很高，日照不足时叶片会变绿徒长，叶形也松散，充足日照会整株变红。雨滴栽培基质的配比为：泥炭:火山石:珍珠岩＝4:1:1（体积比），泥炭为栽培用泥炭，珍珠岩和火山石颗粒大小为3～6mm。雨滴喜欢通风的环境。冬季可耐0℃低温，夏季温度可耐40℃，在温度0～5℃、30～40℃及梅雨季节停止浇水。常用叶插和枝插繁殖。

育种： 雨滴有性繁殖不育，因此不可育种。

93. 拉姆雷特 *Echeveria* 'Ramillete'

形态特征： 拉姆雷特是蒂比与王妃锦司晃的杂交后代，可晒出显眼的红尖和脊线。叶倒卵形，叶尖渐尖，顶部有红尖，背面有脊线。花期3～4月份，蝎尾状花序，钟形花外粉内黄，是拟石莲属多肉植物的中小型品种。

栽培养护： 拉姆雷特正常状态下叶片为绿色，日照充足时，从叶片开始整株慢慢变红。拉姆雷特栽培基质的配比为：泥炭：蛭石：珍珠岩＝4：1：1（体积比），泥炭为栽培用泥炭，珍珠岩和蛭石颗粒大小为3～6mm。喜欢通风环境，抗病虫害能力强。能耐0℃低温，45℃高温，在0～5℃、30～45℃及梅雨季节停止浇水。常用叶插和枝插繁殖。

育种： 拉姆雷特有性繁殖不育，因此不可育种。

94. 紫心（粉色回忆） *Echeveria* 'Rezry'

形态特征： 紫心是拟石莲属多肉植物的杂交品种。叶倒卵形，微内卷，叶尖外凸，顶部有钝尖，是拟石莲属多肉植物的小型品种，易群生。

栽培养护： 紫心喜欢日照充足环境，在日照充足条件下，叶片晒成粉紫色。紫心栽培基质的配比为：泥炭:蛭石:珍珠岩 = 4:1:1（体积比），泥炭为栽培用泥炭，珍珠岩和蛭石颗粒大小为 3 ~ 6mm。紫心喜欢通风的环境。冬季可耐 0℃ 低温，夏季温度可耐 40℃，在温度 0 ~ 5℃、30 ~ 40℃ 及梅雨季节停止浇水。常用叶插和枝插繁殖。

育种： 紫心有性繁殖不育，不可育种。

95. 里加 *Echeveria* 'Riga'

形态特征：里加是拟石莲属多肉植物的杂交品种，叶形非常硬朗，有季节性的红边甚至血斑，属于暗色系。叶倒卵形，叶尖外凸或急尖。花期3～4月份，蝎尾状聚伞花序，钟形花外橙红内黄，是拟石莲属多肉植物的中型品种。

栽培养护：里加对日照需求较多，日照不足时叶片变绿且徒长。里加栽培基质的配比为：泥炭：蛭石：珍珠岩＝4:1:1（体积比），泥炭为栽培用泥炭，珍珠岩和蛭石颗粒大小为3～6mm。里加喜欢通风环境。冬季可耐0℃低温，夏季温度可耐40℃，在温度0～5℃、30～40℃及梅雨季节停止浇水。常用叶插和枝插繁殖。

育种：里加有性繁殖不育，因此不可育种。

96. 月影蔷薇 *Echeveria* 'Rose Moon'

形态特征： 月影蔷薇是月影系多肉植物的杂交品种。叶倒卵形，肥厚，叶正面较平整或中肋略凹，叶背圆弧凸起，叶尖急尖或具短尖。花期 3～4 月份，蝎尾状聚伞花序，钟形花外粉内黄，是拟石莲属多肉植物中小型品种。

栽培养护： 月影蔷薇喜欢充足的日照环境。月影蔷薇栽培基质的配比为：泥炭∶蛭石∶珍珠岩 = 4∶1∶1（体积比），泥炭为栽培用泥炭，珍珠岩和蛭石颗粒大小为 3～6mm。月影蔷薇喜欢通风环境。冬季可耐 0℃低温，夏季可耐 35℃高温，在温度 0～5℃、30～35℃及梅雨季节停止浇水。常用叶插和枝插繁殖。

育种： 月影蔷薇有性繁殖不育，因此不可育种。

97. 鲁氏石莲花 *Echeveria runyonii*

形态特征：鲁氏石莲花是经典的原始种，实生个体间的叶形和白霜薄厚略有区别。叶倒卵形，叶尖截形或渐尖，顶部有尖。花期 7～8 月份，褐尾状聚伞花序，橙粉色钟形花，是拟石莲属多肉植物中小型种。

栽培养护：鲁氏石莲花可半日照和全日照栽培。鲁氏石莲花栽培基质的配比为：泥炭:火山石:珍珠岩 = 4:1:1（体积比），泥炭为栽培用泥炭，珍珠岩和火山石颗粒大小为 3～6mm。鲁氏石莲花喜通风的环境。冬季可耐 -2℃低温，夏季温度可耐 40℃，在温度 -2～5℃、30～40℃及梅雨季节停止浇水。常用种子、叶插和枝插繁殖。

育种：鲁氏石莲花可与拟石莲属多肉植物的一些品种、景天科其他属的一些品种进行杂交，选育新品种，再用无性繁殖方式进行扩繁，保留其优良的性状。

98. 特玉莲 *Echeveria runyonii* 'Topsy Turvy'

形态特征：特玉莲是鲁氏石莲的一种形态。叶倒卵形，反折，顶部有短尖。花期8～9月份，蝎尾状聚伞花序，花常有畸形，外粉内橙黄，是拟石莲属多肉植物中小型品种，易群生。

栽培养护：特玉莲适合全日照和半日照栽培。特玉莲栽培基质的配比为：泥炭:蛭石:珍珠岩＝4:1:1（体积比），泥炭为栽培用泥炭，珍珠岩和蛭石颗粒大小为3～6mm。特玉莲喜欢通风环境，通风不良有介壳虫寄生，可用75%酒精擦洗或喷洒2～3次。冬季可耐0℃低温，夏季温度可耐40℃，在温度0～5℃、30～40℃及梅雨季节停止浇水。常用叶插和枝插繁殖。

育种：特玉莲有性繁殖不育，因此不可育种。

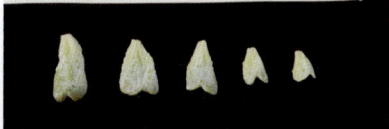

99. 赛康达 *Echeveria secunda*

形态特征：赛康达是拟石莲属多肉植物的原始种，不同产地的叶形和白霜厚薄不同。叶倒卵形，叶尖渐尖，外凸或截形，顶部有短尖。花期3～4月份，蝎尾状聚伞花序，钟形花外粉内黄，是拟石莲属多肉植物中小型种。

栽培养护：赛康达对日照要求较高，在日照充足的条件下会慢慢变红，随着日照强度增加变成通透的果冻色。赛康达栽培基质的配比为：泥炭:蛭石:珍珠岩 = 4:1:1（体积比），泥炭为栽培用泥炭，珍珠岩和蛭石颗粒大小为3～6mm。赛康达喜通风的环境。冬季可耐0℃低温，夏季温度可耐35℃，在温度0～5℃、30～35℃及梅雨季节停止浇水。常用叶插、枝插和播种繁殖。

育种：赛康达可与拟石莲属多肉植物的一些品种及景天科其他属的一些多肉植物品种进行杂交，选育新品种，再用无性繁殖方式进行扩繁，保留其优良的性状。

100. 玉蝶（石莲花） *Echeveria secunda*

形态特征： 王蝶是拟石莲属多肉植物的一个古老而强健的杂交品种。叶倒卵形，叶尖外凸或截形，顶部有红尖。花期3～4月份，蝎尾状花序，钟形花外淡红内黄，是拟石莲属多肉植物大型品种，易群生。

栽培养护： 王蝶需要充足的日照环境。王蝶栽培基质的配比为：泥炭：火山石：珍珠岩＝4:1:1（体积比），泥炭为栽培用泥炭，珍珠岩和火山石颗粒大小为3～6mm。王蝶喜通风的环境，闷湿容易感染病菌死亡。冬季可耐0℃低温，夏季温度可耐35℃，在温度0～5℃、30～35℃及梅雨季节停止浇水。常用枝插和叶插繁殖。

育种： 王蝶有性繁殖不育，不可育种。

101. 锦司晃 *Echeveria setosa* 'Hybrid'

形态特征： 锦司晃是拟石莲属多肉植物的杂交品种，是许多带绒毛的拟石莲的祖先，株型紧致可爱。叶倒卵形，被短柔毛，叶尖外凸，顶部有红尖。花期 2 ～ 3 月份，聚伞花序，钟形花外橙内黄，是拟石莲属多肉植物的中小型种。

栽培养护： 锦司晃对日照要求一般，夏季高温时适当遮阳。锦司晃栽培基质的配比为：泥炭:蛭石:珍珠岩 = 4:1:1（体积比），泥炭为栽培用泥炭，珍珠岩和蛭石颗粒大小为 3 ～ 6mm。锦司晃喜欢通风的环境。冬季温度不可低于 5℃，夏季温度可耐 40℃，在温度 30 ～ 40℃ 及梅雨季节停止浇水。常用播种，叶插和枝插繁殖。

育种： 锦司晃与拟石莲属多肉植物的原始种进行杂交，选育新品种，再用无性繁殖方式进行扩繁，保留其优良的性状。

102. 小蓝衣 *Echeveria setosa* var. *deminuta*

形态特征： 小蓝衣是拟石莲属多肉植物的杂交种，颜色为青蓝色。叶倒卵形厚叶，叶尖外凸，顶部有短尖，部分被毛。花期 1～2 月份，总状或蝎尾状聚伞花序，钟形花外红内黄，是拟石莲属多肉植物小型品种。

栽培养护： 小蓝衣对日照要求很高，日照不足时叶片变绿，在日照充足的情况下叶片能晒出果冻色。小蓝衣栽培基质的配比为：泥炭∶蛭石∶珍珠岩 = 4∶1∶1（体积比），泥炭为栽培用泥炭，珍珠岩和蛭石颗粒大小为 3～6mm。小蓝衣喜欢通风的环境，易被介壳虫寄生，可用 75% 酒精擦洗或喷洒 2～3 次。冬季可耐 0℃ 低温，夏季温度可耐 40℃，在温度 0～5℃、30～40℃ 及梅雨季节停止浇水。常用叶插和枝插繁殖。

育种： 小蓝衣与拟石莲属多肉植物的原始种进行杂交，选育新品种，再用无性繁殖方式进行扩繁，保留其优良的性状。

103. 雪宝 *Echeveria* 'Snow Ball'

形态特征：雪宝是拟石莲属多肉植物的杂交品种。叶片倒卵形，略厚，叶正面略凹，叶尖急尖，叶披粉，淡蓝色，出状态时外围叶片泛橙。花期 3 ～ 4 月份，褐尾状花序，钟形花外粉内黄，是拟石莲属多肉植物中小型品种。

栽培养护：雪宝喜欢全日照的环境。雪宝栽培基质的配比为：泥炭：火山石：珍珠岩 = 4:1:1（体积比），泥炭为栽培用泥炭，珍珠岩和火山石颗粒大小为 3 ～ 6mm。雪宝喜通风的环境。冬季可耐 0℃低温，夏季温度可耐 40℃，在温度 0 ～ 5℃、30 ～ 40℃及梅雨季节停止浇水。常用枝插和叶插繁殖。

育种：雪宝有性繁殖不育，因此不可育种。

104. 雪兔 *Echeveria* 'Snow Bunny'

形态特征： 雪兔是来自韩国的雪莲的杂交后代，有一层较厚的蜡质白霜。叶倒卵形，叶尖外凸，顶部有尖。花期3～4月份，蝎尾状聚伞花序，钟形花外粉内黄，是拟石莲属多肉植物的中小型品种。

栽培养护： 雪兔喜欢强烈的日照的环境。雪兔栽培基质的配比为：泥炭：火山石：珍珠岩＝4:1:1（体积比），泥炭为栽培用泥炭，珍珠岩和火山石颗粒大小为3～6mm。雪兔喜通风的环境。冬季可耐0℃低温，夏季温度可耐45℃，在温度0～5℃、30～45℃及梅雨季节停止浇水。常用叶插和枝插繁殖。

育种： 雪兔有性繁殖不育，不可育种。

105. 红边灵影（墨西哥花月夜）*Echeveria pulidonis*

形态特征： 红边灵影是拟石莲属多肉植物的杂交品种，红边较深且非常浓艳。叶倒卵形，叶尖外凸，顶部有钝尖。花期3～5月份，蝎尾状聚伞花序，黄色钟形花，是拟石莲属多肉植物的中小型品种。

栽培养护： 红边灵影在日照充足的情况下，叶片鲜艳的色彩可以保持很久。红边灵影栽培基质的配比为：泥炭:火山石:珍珠岩＝4:1:1（体积比），泥炭为栽培用泥炭，珍珠岩和火山石颗粒大小为3～6mm。红边灵影喜欢通风的环境，闷湿易化水腐烂。冬季可耐0℃低温，夏季温度可耐40℃，在温度0～5℃、30～40℃及梅雨季节停止浇水。常用叶插和枝插繁殖。

育种： 红边灵影有性繁殖不育，不可育种。

106. 墨西哥姬莲 *Echeveria minima*

形态特征：墨西哥姬莲是拟石莲属多肉植物的杂交品种，颜色偏白绿色。叶倒卵形，新叶微内卷，叶尖外凸，顶部有短尖，是拟石莲属多肉植物小型品种，易群生。

栽培养护：墨西哥姬莲喜欢日照充足的环境。墨西哥姬莲栽培基质的配比为：泥炭:火山石:珍珠岩 = 4:1:1（体积比），泥炭为栽培用泥炭，珍珠岩和火山石颗粒大小为 3 ～ 6mm。墨西哥姬莲喜欢通风的环境，闷热易化水腐烂。冬季可耐0℃低温，夏季温度可耐40℃，在温度0 ～ 5℃、30 ～ 40℃及梅雨季节停止浇水。常用叶插和枝插繁殖。

育种：墨西哥姬莲有性繁殖不育，不可育种。

107. 澳洲月光女神 *Echeveria* 'Esther'

形态特征： 澳洲月光女神是拟石莲属多肉植物的杂交品种。叶倒卵形，叶尖外凸或渐尖，顶部有红尖。花期3～4月份，蝎尾状聚伞花序，黄色钟形花，是拟石莲属多肉植物中型品种。

栽培养护： 澳洲月光女神对日照要求很高，充足的日照能很快晒出红边，配合大的温差会呈现果冻色。澳洲月光女神栽培基质的配比为：泥炭：火山石：珍珠岩 = 4:1:1（体积比），泥炭为栽培用泥炭，珍珠岩和火山石颗粒大小为3～6mm。澳洲月光女神喜欢通风的环境，闷热易化水腐烂。冬季可耐0℃低温，夏季温度可耐40℃，在温度0～5℃、30～40℃及梅雨季节停止浇水。常用叶插和枝插繁殖。

育种： 澳洲月光女神有性繁殖不育，不可育种。

108. 提拉米苏 Echeveria 'Tiramisu'

形态特征： 提拉米苏是拟石莲属多肉植物的杂交种。叶片倒卵形，略厚，叶正面略平整，叶背略圆弧状凸起，叶尖急尖，叶前端较宽，叶披粉，灰白色，叶尖可泛粉红。花期 3 ～ 4 月份，蝎尾状花序，钟形花粉色，是拟石莲属多肉植物中型品种。

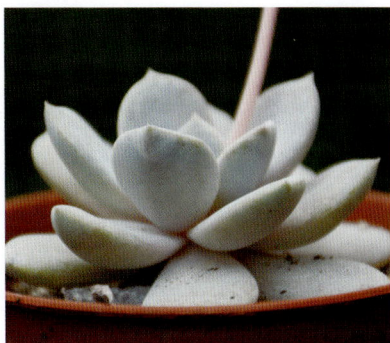

栽培养护： 提拉米苏需要全日照栽培。提拉米苏栽培基质的配比为：泥炭：蛭石：珍珠岩 = 4:1:1（体积比），泥炭为栽培用泥炭，珍珠岩和蛭石颗粒大小为 3 ～ 6mm。提拉米苏喜通风的环境，抗病虫害能力强。冬季可耐 0℃低温，夏季温度可耐 45℃，在温度 0 ～ 5℃、30 ～ 45℃及梅雨季节停止浇水。常用叶插和枝插繁殖，有性繁殖可育。

育种： 提拉米苏可与拟石莲属多肉植物的原始种进行杂交，选育一些新的品种，再用无性繁殖的方法进行扩繁，保留其优良性状。

109. 西伯利亚 *Echeveria* sp.

形态特征： 西伯利亚是拟石莲属多肉植物杂交品种。叶倒卵形，叶尖外凸或渐尖，顶部有红尖。花期3～4月份，蝎尾状聚伞花序，钟形花外粉内黄，是拟石莲属多肉植物小型品种，易群生。

栽培养护： 西伯利亚对日照要求很高，在日照充足的情况下叶片能晒出果冻色。西伯利亚栽培基质的配比为：泥炭:蛭石:珍珠岩＝4:1:1（体积比），泥炭为栽培用泥炭，珍珠岩和蛭石颗粒大小为3～6mm。西伯利亚喜欢通风的环境，易被介壳虫寄生，可用75%酒精擦洗或喷洒2～3次。冬季可耐0℃低温，夏季温度可耐40℃，在温度0～5℃、30～40℃及梅雨季节停止浇水。常用叶插和枝插繁殖。

育种： 西伯利亚有性繁殖不育，不可育种。

110. 火凤凰（火烧岛）*Echeveria* sp.

形态特征： 火凤凰是从韩国引进的拟石莲属多肉植物的杂交品种。叶尖急尖或渐尖，顶部有红尖。花期4～5月份，蝎尾状聚伞花序，钟形花外粉内黄，是拟石莲属多肉植物中小型品种，易群生。

栽培养护： 火凤凰需强烈的阳光，能晒出火红色。火凤凰栽培基质的配比为：泥炭:蛭石:珍珠岩＝4:1:1（体积比），泥炭为栽培用泥炭，珍珠岩和蛭石颗粒大小为3～6mm。火凤凰喜欢通风环境。冬季可耐0℃低温，夏季温度可耐35℃，在温度0～5℃、30～35℃及梅雨季节停止浇水。常用叶插和枝插繁殖。

育种： 火凤凰有性繁殖不育，因此不可育种。

111. 露西 *Echeveria* sp.

形态特征： 露西是来自韩国的拟石莲属多肉植物的杂交种。叶狭长，倒卵形，叶尖外凸或渐尖，顶部有尖。花期 3～4 月份，褐尾状聚伞花序，黄色钟形花，是拟石莲属多肉植物中小型品种。

栽培养护： 露西在充足的日照下，叶片晒红并包卷，颜值很高。露西栽培基质的配比为：泥炭:蛭石:珍珠岩 = 4:1:1（体积比），泥炭为栽培用泥炭，珍珠岩和蛭石颗粒大小为 3～6mm。露西喜通风的环境。冬季可耐 0℃ 低温，夏季温度可耐 45℃，在温度 0～5℃、30～45℃ 及梅雨季节停止浇水。常用叶插和枝插繁殖，有性繁殖可育。

育种： 露西可与拟石莲属多肉植物的原始种进行杂交，选育新品种，再用无性繁殖方式进行扩繁，保留其优良的性状。

112. 林德安娜 *Echeveria* sp.

形态特征： 林德安娜是拟石莲属多肉植物的杂交种，叶色通红，十分艳丽。叶倒卵形，叶尖外凸，有红尖。花期4～5月份，蝎尾状聚伞花序，钟形花外粉内黄。

栽培养护： 林德安对日照要求很高，充足的日照，大的温差，叶形更美、更红。林德安娜栽培基质的配比为：泥炭∶蛭石∶珍珠岩＝4∶1∶1（体积比），泥炭为栽培用泥炭，珍珠岩和蛭石颗粒大小为3～6mm。林德安娜喜欢通风环境。冬季可耐0℃低温，夏季温度可耐40℃，在温度0～5℃、30～40℃及梅雨季节停止浇水。常用叶插和枝插繁殖。

育种： 林德安娜有性繁殖不育，因此不可育种。

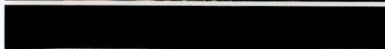

113. 雪精灵 *Echeveria* 'Snow Elf'

形态特征： 雪精灵是来自韩国带特玉莲基因的杂交品种。叶倒卵形，反折，叶尖截形，顶部有尖，叶片有薄的白霜，是拟石莲属多肉植物的中小型品种。

栽培养护： 雪精灵喜欢日照充足的环境。雪精灵栽培基质的配比为：泥炭:火山石:珍珠岩 = 4:1:1（体积比），泥炭为栽培用泥炭，珍珠岩和火山石颗粒大小为 3～6mm。雪精灵喜通风的环境。冬季可耐 0℃低温，夏季温度可耐 40℃；在温度 0～5℃、30～40℃及梅雨季节停止浇水。常用叶插，枝插繁殖。

育种： 雪精灵有性繁殖不育，因此不可育种。

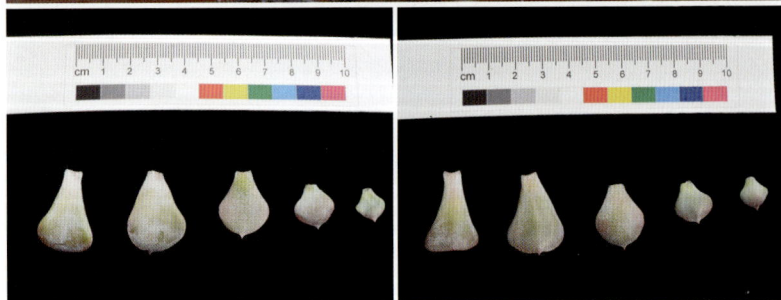

114. 处女座 *Echeveria* 'Spica'

形态特征：处女座是拟石莲属多肉植物星座系列杂交品种，叶片披霜。叶狭长倒卵形，较厚，叶尖外凸，顶部有短尖。花期3～4月份，蝎尾状花序，钟形花外粉内黄，是拟石莲属多肉植物中小型品种。

栽培养护：处女座喜欢日照充足环境，在日照充足条件下，叶片呈淡粉色。处女座栽培基质的配比为：泥炭：火山石：珍珠岩 = 4:1:1（体积比），泥炭为栽培用泥炭，珍珠岩和火山石颗粒大小为3～6mm。处女座喜欢通风的环境。冬季可耐0℃低温，夏季温度可耐40℃，在温度0～5℃、30～40℃及梅雨季节停止浇水。常用叶插和枝插繁殖。

育种：处女座有性繁殖不育，不可育种。

115. 草莓冰 *Echeveria* 'Straw berry Zce'

形态特征：草莓冰是拟石莲属多肉植物的杂交种。叶倒卵形，叶尖具短尖，叶尖叶缘均易变红，叶绿色到黄绿色。花期3～4月份，蝎尾状聚伞花序，黄色钟形花，是拟石莲属多肉植物的小型品种，易群生。

栽培养护：草莓冰喜欢阳光充足的环境。草莓冰栽培基质的配比为：泥炭:蛭石:珍珠岩 = 4:1:1（体积比），泥炭为栽培用泥炭，珍珠岩和蛭石颗粒大小为3～6mm。草莓冰喜欢通风环境。冬季可耐0℃低温，夏季温度可耐40℃，在温度0～5℃、30～40℃及梅雨季节停止浇水。常用叶插和枝插繁殖。有性繁殖可育。

育种：草莓冰可与拟石莲属多肉植物的原始种进行杂交，选育新品种，再用无性繁殖方式进行扩繁，保留其优良的性状。

116. 剑司 *Echeveria strictiflora*

形态特征： 剑司是拟石莲属产于美国和墨西哥的原始种，实生个体叶片形态多样，宽窄厚薄并不一致。叶倒卵形，叶尖外凸或渐尖，顶部有尖。花期 3 ～ 4 月份，蝎尾状聚伞花序，橙粉色钟形花，是拟石莲属多肉植物中大型种。

栽培养护： 剑司喜欢强烈的日照，夏季也不需要遮阳。剑司栽培基质的配比为：泥炭：火山石：珍珠岩 = 4:1:1（体积比），泥炭为栽培用泥炭，珍珠岩和火山石颗粒大小为 3 ～ 6mm。剑司喜通风的环境。冬季可耐 0℃低温，夏季温度可耐 45℃，在温度 0 ～ 5℃、30 ～ 45℃及梅雨季节停止浇水。常用叶插、枝插和播种繁殖。

育种： 剑司可与拟石莲属多肉植物的一些品种及景天科其他属的一些多肉植物品种进行杂交，选育新品种，再用无性繁殖方式进行扩繁，保留其优良的性状。

117. 蓝宝石 *Echeveria subcorymbosa*

形态特征：蓝宝石是拟石莲属多肉植物的原始种，它的叶缘及至整个叶尖都可以晒得泛红，偶有血点。叶倒卵形厚叶，长度为宽度的2倍以上，叶尖外凸，顶部有红尖。花期3～5月份，伞房状总状花序，钟形花外橙粉内黄，是拟石莲属多肉植物的小型种。

栽培养护：充足的日照能使蓝宝石叶形更美。蓝宝石栽培基质的配比为：泥炭：火山石：珍珠岩＝4:1:1（体积比），泥炭为栽培用泥炭，珍珠岩和火山石颗粒大小为3～6mm。蓝宝石喜欢通风的环境，闷湿易化水腐烂。冬季可耐0℃低温，夏季温度最好不超过35℃，在温度0～5℃、30～35℃及梅雨季节停止浇水。常用叶插繁殖，有性繁殖可育。

育种：蓝宝石可与拟石莲属多肉植物的一些品种、景天科其他属的一些品种进行杂交，选育新品种，再用无性繁殖方式进行扩繁，保留其优良的性状。

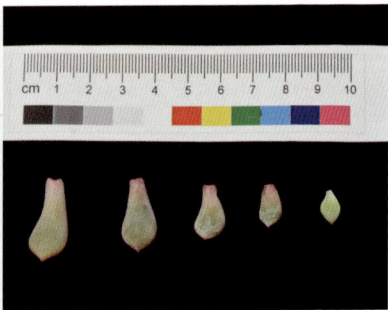

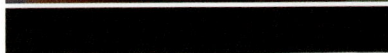

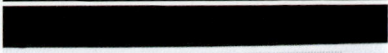

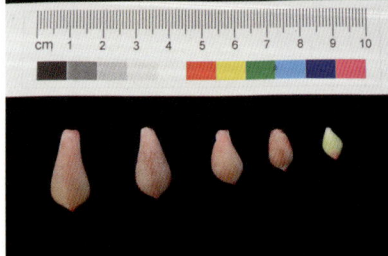

118. 凌波仙子 *Echeveria subcorymbosa lau 026*

形态特征：凌波仙子是 *Echeveria subcorymbosa* 在墨西哥的产地种。叶倒卵形，叶片较厚，长度为宽度的 1.5 倍左右，叶尖外凸，顶部有尖。伞房状总状花序，钟形花外粉内黄，是拟石莲属多肉植物小型种，易群生。

栽培养护：凌波仙子半日照或全日照栽培都可以，只有在日照充足时，叶片颜色才会变得艳丽。凌波仙子栽培基质的配比为：泥炭:蛭石:珍珠岩 = 4:1:1（体积比），泥炭为栽培用泥炭，珍珠岩和蛭石颗粒大小为 3～6mm。凌波仙子喜通风的环境。冬季可耐 0℃ 低温，夏季温度可耐 40℃，在温度 0～5℃、30～40℃ 及梅雨季节停止浇水。常用叶插、枝插和播种繁殖。

育种：凌波仙子可与拟石莲属多肉植物的原始种进行杂交，选育新品种，再用无性繁殖方式进行扩繁，保留其优良的性状。

119. 刚叶莲 *Echeveria subrigida*

形态特征：刚叶莲是拟石莲属多肉植物的原始种，有光面、红边或微被白霜的许多实生形态。叶椭圆形、卵形或倒卵形薄叶，叶尖外凸。花期 3 ~ 4 月份，聚伞圆锥花序，钟形花橙粉色或上橙下黄，是拟石莲属多肉植物的大型品种。

栽培养护：刚叶莲喜欢日照充足的环境。刚叶莲栽培基质的配比为：泥炭∶火山石∶珍珠岩 = 4∶1∶1（体积比），泥炭为栽培用泥炭，珍珠岩和火山石颗粒大小为 3 ~ 6mm。刚叶莲喜通风的环境。冬季可耐 0℃低温，夏季温度可耐 45℃，在温度 0 ~ 5℃、30 ~ 45℃及梅雨季节停止浇水。常用播种繁殖。

育种：刚叶莲可与拟石莲属多肉植物的一些品种及景天科其他属的一些多肉植物品种进行杂交，选育新品种，再用无性繁殖方式进行扩繁，保留其优良的性状。

120.秀妍 *Echeveria* 'Sunyon'

形态特征： 秀妍是由韩国引入的拟石莲属多肉植物的粉红色系杂交品种。叶倒卵形，叶尖外凸近圆形，顶部有尖，是拟石莲属多肉植物的中小型品，易养成老桩。

栽培养护： 秀妍对日照要求很高，日照不足时叶片变绿且变形。秀妍栽培基质的配比为：泥炭∶火山石∶珍珠岩＝4∶1∶1（体积比），泥炭为栽培用泥炭，珍珠岩和火山石颗粒大小为3～6mm。秀妍喜欢通风的环境。冬季可耐0℃低温，夏季温度可耐45℃，在温度0～5℃、30～45℃及梅雨季节停止浇水。常用叶插和枝插繁殖。

育种： 秀妍有性繁殖不育，不可育种。

121.酥皮鸭（森之精灵）*Echeveria* 'Supia'

形态特征： 酥皮鸭是拟石莲属多肉植物的杂交种，叶片呈绿色或淡黄色。叶倒卵形，叶尖外凸或渐尖，顶部有红尖。花期3～4月份，总状花序，钟形花外红内黄，几乎无花梗，是拟石莲属多肉植物的小型品种，易群生。

栽培养护： 酥皮鸭喜欢日照充足的环境，日照充足，温差大时叶片会转变为金黄色。酥皮鸭栽培基质的配比为：泥炭:火山石:珍珠岩 = 4:1:1（体积比），泥炭为栽培用泥炭，珍珠岩和火山石颗粒大小为3～6mm。酥皮鸭喜通风的环境，易感染介壳虫，可用75%酒精擦洗或喷洒2～3次。冬季可耐0℃低温，夏季温度可耐45℃，在温度0～5℃、30～45℃及梅雨季节停止浇水。常用叶插和枝插繁殖。

育种： 酥皮鸭有性繁殖不育，不可育种。

122. 高砂之翁 Echeveria 'Takasagono-okina'

形态特征：高砂之翁是拟石莲属多肉植物的杂交品种。叶倒卵形，叶缘波浪状，叶尖外凸或截形，顶部有尖。花期7～8月份，聚伞圆锥花序，橙粉色钟形花，是拟石莲属多肉植物的大型品种。

栽培养护：高砂之翁对日照需求一般，充足的日照能使整株变红。高砂之翁栽培基质的配比为：泥炭：蛭石：珍珠岩＝4:1:1（体积比），泥炭为栽培用泥炭，珍珠岩和蛭石颗粒大小为3～6mm。高砂之翁喜欢通风环境。冬季可耐0℃低温，夏季温度可耐45℃，在温度0～5℃、30～45℃及梅雨季节停止浇水。常用叶插和枝插繁殖。

育种：高砂之翁有性繁殖不育，因此不可育种。

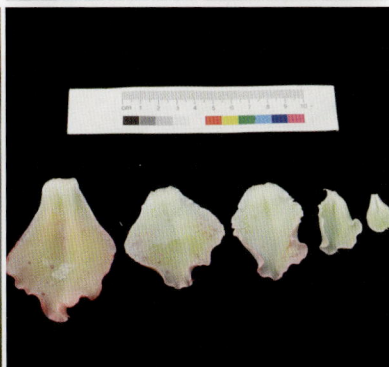

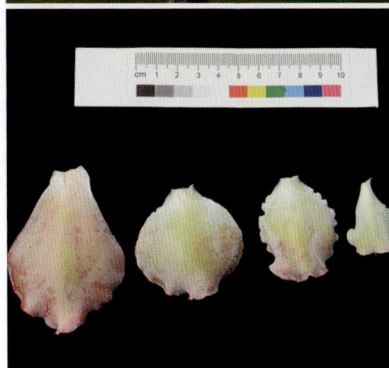

123. 蒂比 *Echeveria* 'Tippy'

形态特征：蒂比是东云与静夜的杂交后代。叶倒卵形，叶尖外凸或渐尖，顶部有红尖。花期3～4月份，松散的蝎尾状花序，钟形花外橙粉内黄，是拟石莲属多肉植物中小型品种，易群生。

栽培养护：蒂比喜欢日照充足的环境，在全日照下，叶片颜色会变粉。蒂比栽培基质的配比为：泥炭:蛭石:珍珠岩＝4:1:1（体积比），泥炭为栽培用泥炭，珍珠岩和蛭石颗粒大小为3～6mm。蒂比喜欢通风环境。冬季可耐0℃低温，夏季温度可耐40℃，在温度0～5℃、30～40℃及梅雨季节停止浇水。常用叶插和枝插繁殖。

育种：蒂比有性繁殖不育，因此不可育种。

124. 杜里万莲（星月） *Echeveria tolimanensis*

形态特征：杜里万莲是拟石莲属多肉植物生长十分缓慢的原始种，实生的个体形态不一，有带白霜和不带白霜两种。叶卵形或椭圆形，半圆柱状，叶尖急尖或外凸，顶部有短尖。花期 3～4 月份，蝎尾状花序，钟形花外粉内黄，是拟石莲属多肉植物中小型种。

栽培养护：杜里万莲喜欢柔和日照的环境，日照充足时为淡粉色。杜里万莲栽培基质的配比为：泥炭∶火山石∶珍珠岩＝4∶1∶1（体积比），泥炭为栽培用泥炭，珍珠岩和火山石颗粒大小为 3～6mm。杜里万莲喜通风的环境。冬季可耐 0℃低温，夏季温度可耐 40℃，在温度 0～5℃、30～40℃及梅雨季节停止浇水。常用叶插、枝插和播种繁殖。

育种：杜里万莲可与拟石莲属多肉植物的一些品种及景天科其他属的一些多肉植物品种进行杂交，选育新品种，再用无性繁殖方式进行扩繁，保留其优良的性状。

125. 红化妆 Echeveria 'Victor'

形态特征： 红化妆是多茎莲与静夜的杂交后代。叶倒卵形，背部有红色脊线，叶尖外凸或渐尖，顶部有红尖。花期 3 ～ 4 月份，总状花序，钟形花外粉内黄，是拟石莲属多肉植物的小型品种，易群生。

栽培养护： 红化汝对日照要求较高，充足的日照叶缘和叶片变得很红。红化汝栽培基质的配比为：泥炭:蛭石:珍珠岩 = 4:1:1（体积比），泥炭为栽培用泥炭，珍珠岩和蛭石颗粒大小为 3 ～ 6mm。红化汝喜欢通风的环境，闷湿，易腐烂化水。冬季可耐 0℃ 低温，夏季可耐 40℃ 高温。在温度 0 ～ 5℃、30 ～ 40℃ 及梅雨季节停止浇水。常用枝插和叶插繁殖。

育种： 红化汝有性繁殖不育，因此不可育种。

126. 紫罗兰女王 *Echeveria* 'Violet Queen'

形态特征：紫罗兰女王是月影杂交后代，叶尖在全日照和温差的作用下会晒成粉色。叶椭圆形，叶尖微凸或渐，顶部有短尖。花期3～4月份，蝎尾状花序，钟形花外粉内黄，是拟石莲属多肉植物中小型品种，易群生。

栽培养护：紫罗兰女王喜欢日照充足的环境。紫罗兰女王栽培基质的配比为：泥炭:火山石:珍珠岩 = 4:1:1（体积比），泥炭为栽培用泥炭，珍珠岩和火山石颗粒大小为3～6mm。紫罗兰女王喜通风的环境。冬季可耐 −2℃低温，夏季温度可耐35℃，在温度 −2～5℃、30～35℃及梅雨季节停止浇水。常用叶插和枝插繁殖。

育种：紫罗兰女王有性繁殖不育，不可育种。

参考文献

[1] Rowley G D. A History of Succulent Plants[M]. Strawberry Press, 1997: 3.

[2] Von Willert D J, Eller B M, Werger M J A, et al. Life Strategios of Succulents in Deserts[G]. Cambridge Studies In Ecology, 1992.

[3] 二木，张秋涵 . 景天多肉植物图鉴 [M]. 北京：中国水利水电出版社，2019.

[4] 王成聪 . 仙人掌与多肉植物大全 [M]. 武汉：华中科技大学出版社，2011.